网络安全简明读本

本书编写组／编

新疆美术摄影出版社

新疆电子音像出版社

图书在版编目（CIP）数据

网络安全简明读本/《网络安全简明读本》编写组
编 .—乌鲁木齐：新疆美术摄影出版社：新疆电子音像
出版社，2015.6
ISBN 978-7-5469-1580-7

Ⅰ.①网… Ⅱ.①网… Ⅲ.①计算机网络—安全技术
—青年读物②计算机网络—安全技术—少年读物 Ⅳ.
①TP393.08-49

中国版本图书馆 CIP 数据核字（2011）153626 号

网络安全简明读本

《网络安全简明读本》编写组/编

出　版：新疆美术摄影出版社	地　址：乌鲁木齐市西虹西路 36 号
新疆电子音像出版社	经　销：新华书店
印　刷：三河市国源印刷厂	字　数：85 千字
开　本：710mm×1000mm　1/16	印　张：12.25
版　次：2015 年 6 月第 1 版	印　次：2015 年 6 月第 2 次印刷
书　号：ISBN 978-7-5469-1580-7	定　价：29.80 元

如发现印装质量问题，影响阅读，请与印刷厂联系调换。

前 言

　　校园安全与每个师生、家长和社会有着切身的关系。从广义上讲，校园安全事故是指学生在校期间，由于某些偶然突发因素而导致的人为伤害事件。就其特点而言，责任人一般是因为疏忽大意或过失失职造成的，而不是因为故意而导致事故发生的。

　　中小学生作为一个特殊的群体，他们的健康成长涉及千家万户，保护中小学生的安全是我们全社会的共同责任。校园安全工作是全社会安全工作的一个十分重要的组成部分，它直接关系到青少年学生能否安全、健康地成长，关系到千千万万个家庭的幸福安宁和社会稳定。

　　在我国，青少年学生的意外伤害多数发生在学校和上学途中，而在不同年龄的青少年中，又以 15～19 岁意外伤害的死亡率最高。

　　据有关部门对中小学生安全问题的调查表明：中小学生中52.8% 的认为比较安全，12.5% 的认为自己不是很安全，还有34.7% 的认为自己的安全状况"一般"。在调查是什么因素对中小学生安全影响最大时：有47.2% 的认为"社会上的不良风气"影响最大，再依次是"学校周边的不良环境"占19.4%、"交通安全"占15.3%、"交友的不慎"占6.9%，"上经营性网吧"占2.8%，"其他"占8.4%。

可见，加强和保护中小学生的安全是一个系统工程，一是必须要做到广泛宣传，让全社会都来保护中小学生安全和关心青少年犯罪问题，特别是学校要担负起重要责任；二是孩子父母要正确关心、引导、管好孩子，要教育孩子随时注意自身安全；三是中小学生要加强安全知识的学习，做到有备无患，增强人身预防和安全保护意识。

校园安全问题已成为社会各界关注的热点问题。保护好每一个孩子，使发生在他们身上的意外事故减少到最低限度，已成为中小学教育和管理的重要内容。

为此，我们在有关部门的指导下，特别编写了《交通安全简明读本》《用电安全简明读本》《防火安全简明读本》《运动安全简明读本》《网络安全简明读本》《灾害与危险自救简明读本》《社会交际简明读本》《预防黄赌毒侵害简明读本》，全书图文并茂、生动有趣，具有很强的系统性和实用性，是指导中小学生进行安全知识教育的良好读本。

目　录

第一单元　网络安全的认识

中小学生上网的安全思考……………………（2）

中小学生上网的正面影响……………………（3）

中小学生上网的负面影响……………………（6）

中小学生上网的安全认识……………………（9）

中小学生上网的安全防范……………………（12）

中小学生上网的安全教育……………………（15）

中小学生网络交往的特点……………………（18）

学生网络十条安全规则………………………（22）

　　单元练习……………………………………（24）

第二单元　文明上网的常识

中小学生网络基本常识入门…………………（26）

中小学生使用互联网的特征…………………（31）

中小学生使用互联网的标准…………………（33）

正确引导中小学生使用互联网………………（34）

中小学生文明上网公约………………………（36）

　　单元练习……………………………………（38）

第三单元　避免网络的陷阱

避免网络长话诈骗 …………………………（40）

避免网络聊天诈骗 …………………………（42）

避免网络短信诈骗 …………………………（44）

避免网络交友诈骗 …………………………（46）

避免网络广告诈骗 …………………………（49）

避免网络购物诈骗 …………………………（52）

避免网络大奖赛诈骗 ………………………（54）

避免网络黑客诈骗 …………………………（56）

避免网络不良信息 …………………………（59）

单元练习 ……………………………………（62）

第四单元　网络犯罪的原因

网络引发青少年犯罪的几个方面 …（64）

互联网对青少年心理形成的影响 …（67）

导致青少年沉迷网络的原因 ……（71）

怎样引导青少年正确对待网络 …（73）

网瘾对青少年的危害 ……………（75）

网络成瘾的本质特征 ……………（78）

网络成瘾综合症诊断标准 ………（79）

避免青少年网络成瘾的措施 ……（80）

青少年网瘾如何戒除 ……………（84）

案例 ………………………………（87）

单元练习 ……………………………（100）

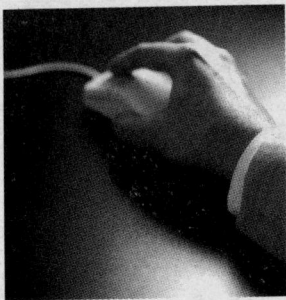

第五单元　预防电脑的危害

预防网络成瘾综合症 ………… （102）

预防网络病毒及安全 ………… （105）

预防网络暴力的毒害 ………… （108）

预防网络色情的毒害 ………… （115）

预防青少年网络犯罪 ………… （121）

单元练习 ……………… （126）

第六单元　电脑网络注意事项

使用电脑要注意 ……………… （128）

网页浏览要注意 ……………… （131）

系统保护要注意 ……………… （133）

电脑程序要注意 ……………… （134）

单元练习 ……… （136）

第七单元　安全上网主题活动

活动对象 ……………… （138）

活动背景 ……………… （139）

活动目的 ……………… （141）

活动准备 ……………… （142）

活动过程 ……………… （143）

活动反思 ……………… （150）

综合练习 ……………… （151）

第一单元
网络安全的认识

中小学生上网的安全思考

关于网络，我们每个同学应该都不陌生。随着科技的日新月异，资讯的发展，使网络越来越成为我们每个人都要接触到的新的学习和交流工具，所以关于这一章节的大多数问题都具有相当强的互动性，我们每个同学都有自己的心得，我们可以互相交流，使计算机和互联网真正成为对我们生活和学习有益的工具。

首先我们先从网络对于我们自身生活和学习的利与弊谈起。

事实上，网络的信息化特征催生中小学生的现代观念的更新，如学习观念、效率观念、全球意识等。它使中小学生不断接触新事物、新技术，接受新观念的挑战。

除了黄色和暴力网站可能对学生造成伤害外，网络带给中小学生正面的东西远比负面的要多。并且，对于中小学生来说，网络是不可回避的东西，无论你喜不喜欢，它都要注定成为中小学生生活中不可或缺的东西，不让中小学生上网，反而对他们的成长不利。

中小学生上网的正面影响

一、开阔视野

因特网是一个信息极其丰富的百科全书式的世界，它的信息量大，信息交流速度快，自由度强，实现了全球信息共享。

中小学生在网上可以随意获得自己的需求，在网上浏览世界，认识世界，了解世界最新的新闻信息、科技动态，极大地开阔了中小学生的视野，给学习、生活带来了巨大的便利和乐趣。

二、加强对外交流

网络创造了一个虚拟的新世界，在这个新世界里，每一名成员可以超越时空的制约，十分方便地与相识或不相识的人进行联系和交流，讨论共同感兴趣的话题。由于网络交流的"虚拟"性，避免了人们直面交流时的摩擦与伤害，从而为人们情感需求的满足和信息获取提供了崭新的交流场所。

中小学生上网可以进一步扩展对外交流的时空领域，实现交流、交友的自由化。同时现在的中小学生以独生子女为多，在家中比较孤独，从心理上说是最渴望能与人交往的。现实生活中的交往可能会给他们，特别是内向性格的人带来压力，网络给了他们一个新的交往空间和相对宽松、平等的环境。

三、促进个性化发展

世界是丰富多彩的，人的发展也应该是丰富多彩的，因特网

就提供了这个无限多样的发展机会的环境。中小学生可以在网上找到自己的发展方向，也可以得到发展的资源和动力。

利用因特网就可以学习、研究乃至创新，这样的学习是最有效率的学习。网上可供学习的知识浩如烟海，这给中小学生进行大跨度的联想和想象提供了十分广阔的领域，为创造性思维不断地输送养料，一些电脑游戏在一定程度上能强化中小学生的逻辑思维能力。

文件　　编辑　　查看

◀ ▶ ↻ ＋　　http://www.abc.com

四、拓展受教育的空间

有很多中小学生因为上网而提高了学习成绩，这也是我们上网值得骄傲的一点。因特网上的资源可以帮助中小学生找到合适的学习材料，甚至是合适的学校和教师，这一点已经开始成为现实，如一些著名的网校，提供了求知学习的新渠道。

目前在我国教育资源不能满足需求的情况下，网络提供了求知学习的广阔校园，学习者在任何时间、任何地点都能接受高等教育，学到在校大学生学习的所有课程、修满学分、获得学位。

这对于处在应试教育体制下的中小学生来说无疑是一种最好的解脱，它不但有利于其身心的健康发展，而且有利于家庭乃至于社会的稳定。

五、有助于创新思想教育

利用网络进行德育教育工作，教育者可以以网友的身份和青少年在网上"毫无顾忌"地进行真实心态的平等交流，这对于教育工作者摸清、摸准青少年的思想并开展正面引导和全方位沟通

提供了新的快捷的方法。

此外，由于网络信息的传播具有实时性和交互性的特点，青少年可以同时和多个教育者或教育信息保持快速互动，从而提高思想互动的频率，提高教育效果。

由于网络信息具有可下载性、可储存性等延时性特点，可延长教育者和受教育者思想互动的时间，为青少年提供"全天候"的思想引导和教育。还可以网上相约，网下聚会，实现网上德育工作的滋润和补充，从而及时化解矛盾，起到温暖人心、调动积极性、激发创造力的作用。

中小学生上网的负面影响

一、对于中小学生"三观"形成潜在威胁

中小学生很容易在网络上接触到资本主义的宣传论调、文化思想等，使他们的思想处于极度矛盾、混乱中，其人生观、价值观极易发生倾斜，从而滋生全盘西化、享乐主义、拜金主义、崇洋媚外等不良思潮。

由于信息传播的任意性，形形色色的思潮、观念也充斥其间，对于自我监控能力不强、极富好奇心的中小学生具有极大的诱惑力，导致丧失道德规范。同时互联网上信息接受和传播的隐蔽性，使中小学生在网络上极易放纵自己的行为，完全按照自己的意愿来做自己想做的事，忘却了社会责任。

部分中小学生并不认为"网上聊天时说谎是不道德的"，认为"在网上做什么都可以毫无顾忌"等，使得中小学生对自我行为的约束力大大减弱，网上不良行为逐渐增多。

与此同时，由于缺乏规范合理的监管，很多原本规范的语言开始被随意篡改。虽然，颠覆传统并不一定意味着不是进步，但是很多科学的合理的传统依然是社会有序发展的内在规范。

有很多网络语言是被大多数中小学生认同的：比如妹妹叫MM，哥哥叫GG，老婆叫IP，还有其他形形色色的无聊的甚至是毫无意义的词语：沙发、灌水、掐架、斑竹等等，林林总总五花八门，一旦随意使用，势必造成规范的混乱，那就是有害而无益了。

二、对中小学生人际关系的影响

网络改变了中小学生在学习和生活中的人际关系及生活方式。

上网使中小学生容易形成一种以自我为中心的生存方式，集体意识淡薄，个人自由主义思潮泛滥。

三、信息垃圾弱化中小学生的思想道德意识

有关专家调查，有一些非法组织或个人在网上发布扰乱政治经济的黑色信息，蛊惑青少年。这种信息垃圾将弱化中小学生思想道德意识，污染青少年心灵，误导青少年行为。

这些不良信息对于身体、心理都正处于发育期，是非辨别能力、自我控制能力和选择能力都比较弱的中小学生来说，难以抵挡不良信息的负面影响。

个别网吧经营者更是抓住中小学生这一特点，包庇、纵容、支持他们登陆色情、暴力网站，使他们沉迷于网路不能自拔。一些中小学生也因此入不敷出，直至走上偷盗、抢劫、强奸、杀人的犯罪道路。

四、网络的隐蔽性，导致中小学生违法犯罪行为增多

一方面，少数中小学生浏览黄色和非法网站，利用虚假身份进行恶意交友、聊天；另一方面，网络犯罪增多，例如传播病毒、黑客入侵、通过银行和信用卡盗窃、诈骗等。

这些犯罪主体以中小学生为主，大多数动机单纯，有的甚至是为了"好玩""过瘾"和"显示才华"。另外，有关网络的法律制度不健全也给中小学生违法犯罪以可乘之机。

五、不利于家庭的稳定，从而影响到社会的稳定

部分青少年为了逃避现实的冲突和现实的压力而隐匿在网络中。然而，这种冲突并不是逃避所能解决，当其达到一定的程度还是会爆发，这种冲突的爆发，会导致家庭的不稳定，并且导致原本就存在的代沟问题更加剧烈，而家庭的不稳定进而影响到了社会的稳定。

如震惊全国的北京网吧纵火案的嫌疑犯就是两位未成年青年，长期的生活压力以及得不到家庭的关怀，从而产生了强烈的报复心理，走上了杀人犯罪的道路。

中小学生上网的安全认识

一、网络自身的两面性

网络具有新颖性、互动性、开放性、平等性、虚拟性、超时空性、信息传播的高速性、无限性和复杂性等特征。这些特点既可成为优点，又可成为缺点。如网络的新颖性深深地吸引着人们，甚至使人沉迷其中；网络的开放性、互动性有利于民主的发挥，但也容易带来无序、混乱、危机；网络的虚拟性导致了网络犯罪感的虚无化，进而使网络犯罪增加迅速；网络的超时空性使用户有更多的自主性，也使网络犯罪手段更隐蔽，更难以控制。

网络是有史以来最大的信息库，丰富的网络信息开阔了青少年的眼界，但伴随着信息爆炸、信息污染，各种冗余信息影响了有用信息的清晰度和效用性，网上黄毒是诱发青少年犯罪的重要因素。

二、中小学生的生理心理特性

中小学生好奇心极强而自制力较弱，往往会在网络上通过各

种途径观看在现实中很难看到的暴力、色情信息等来满足他们好奇心及对刺激的渴望，也会沉迷于惊险、刺激的网络游戏中流连忘返。

中小学生个体意识逐步形成，竭力想摆脱家长、教师的管教，自己管理自己。但由于认识水平的限制，他们看问题常常带有明显的表面性和片面性，在缺乏有效引导的情况下，容易受到网络的不良影响。

中小学生性意识已经开始觉醒，对异性充满了好奇与兴趣。有了网络，青少年可以在网上聊天、恋爱，但由于他们比较单纯，没有成年人那样理智和冷静，往往难以控制住自己的激情，以至影响正常的学习、工作和生活，有的甚至因为被网上恋人拒绝而走向自杀、杀人的也大有人在。

中小学生网络安全观念和自我保护意识不强，对网上鱼目混珠的复杂状况及危险性认识不足，容易上当受骗。

三、社会的复杂性

当今世界许多敌对势力通过网络来与我们争夺新一代，他们在网上散布颠倒是非、混淆黑白的信息，对中小学生产生潜移默化的影响，以达到"西化""分化"我们的战略目标，妄图实现"不战而胜"的政治图谋。

中小学生人生观、价值观、道德观还未完全成熟，优秀的民族文化还未在其思想中扎根，对许多观点缺乏辨别能力，整日接触这些信息会出现"西化"的倾向。

黑社会组织通过网络，大肆渲染暴力、恐怖信息。中小学生喜欢模仿，网络暴力信息极易诱发他们

使用暴力的冲动而走向犯罪。

一些邪教组织也通过网络宣扬邪教理念，如散布"法轮功"，致使许多人包括大量的中小学生执迷不悟，危害社会。

四、家庭、学校教育引导不力

家庭和学校教育是中小学生健康成长的关键因素。但当前面对网络，一些家庭和学校教育引导不力的问题却严重存在着。

许多家长对网络一无所知，却错误地认为上网是学知识，比看电视、玩儿好多了，而不加任何限制。当出现问题时，家长又强行将孩子与计算机分开，以为那样可以保护孩子免受网络的影响，但结果往往事与愿违。

五、网络控制手段不健全

网络发展带来的社会问题，已引起了世界各国的广泛关注。但由于网络本身所具有的虚拟性、全球性、瞬时性、异地性等特点，对网络社会问题还没有有效的手段加以控制。

在我国，现实社会中常用且有效的道德、法制、管理等手段，在网络社会中也都没有发挥应有的作用。

网络所产生的许多问题，使传统的法律制度显得无能为力。随着网络的发展，针对出现的问题，我国制定了一些法规，但从总体上讲，网络立法还相对滞后，人们的网络法制观念也还很薄弱。

中小学生上网的安全防范

一、中小学生身心发展的原因

中小学生时期是一个非常特殊的阶段，从小学进入初中、高中阶段，其身心发展起了重大的变化。

这些变化使中小学生心理产生了成人感，出现了强烈的独立性需求。这些身心发展特点就势必导致了他们容易受网络信息的干扰。

二、互联网本身的原因

互联网具有全球性、互动性、信息资源及表现形式丰富和使用方便等特点，这为以盈利为目的色情服务业提供了难得的营业场所。

这些网站为吸引顾客，往往在主页上张贴色情图片，使任何在网上冲浪的人有意无意地就能看到，中小学生当然也不例外。心智尚未成熟的中小学生一旦接触这些内容，受到的影响可想而知。

国家曾经对网络公共信息安全进行了大规模的整治，但是仍然有不良网站为吸引客户大打黄色暴力牌，一些网站的登录首页就会自动弹出有关色情、赌博、暴力的宣传。

一方面在直观上造成对学生好奇心理的特别吸引；另一方面，这些网站本身就是以赢利为目的诱惑学生花钱来浏览这些不健康的内容；更有甚者，有一部分网站甚至直接将一些不健康内容恶意捆绑（就是我们通常所说的流氓软件），如果我们稍不留神，或者缺乏对网络安全知识的把握，很轻易就会被这些不良商家钻了空子。

三、家长和学校的原因

当今社会，中小学生家长将大量的时间放在了工作上，很少有大人陪伴的中小学生都用上网来消磨时间。学校作为中小学生最为集中并接受教育的场所，是中小学生受教育中的最重要一环。但是有的学校忽视对学生的网络道德教育，忽视我们的传统教育，往往回避的青春期教育问题，导致中小学生缺乏正确的引导和网络道德意识。

网络的普及是社会发展的一个必然趋势，这就要求家长或者教师也要跟上这种发展趋势。除了适应社会的进步环境之外，另外一个原因就是保持跟孩子和学生的正常沟通不会脱节。

很多学生开始上网游戏仅仅是出于好奇，从好奇到沉迷这个阶段，如果恰好有人给予正确的引导和疏通，很多悲剧是可以在萌芽之前避免的。

另外由于中小学生个性成长的需要，他们在沟通的时候更喜

欢以他们自己认可的感兴趣的方式与人交流，这种情况下，如果我们家长和老师缺乏对相关网络知识的掌握的话，很可能就会被学生拒之门外，同时，这也意味着把他们自己推到了一个危险的环境之中，一旦形成恶果，追悔莫及。

四、社会的原因

目前网吧经营竞争激烈，致使一些业户出于营利目的，不顾法律和道德，投中小学生好奇心之所好，专搞不正当竞争。同时，通信、公安、文化和工商在对网吧的管理上应谐调一致，"三证"不全的网吧要坚决取缔。

很多网吧中都有虚拟装备和虚拟财产的出售服务，这在一定程度上为中小学生沉迷网络的行为创造了方便条件，我们的真金白银哗哗地流进经营者的口袋，宝贵的时间和精力也同时消耗在无意义的沉迷之中。

套用一句大家都知道的俗话说就是：受伤的总是我们，而真正的获益者，是那些开网吧的经营者。他们对我们所受的伤害不承担一点责任，从这个意义上讲，这也是我们沉迷网络的悲哀。

中小学生上网的安全教育

一、加强网络基础设施建设，加大网络普及力度

网络的发展已经成为不可阻挡的时代潮流，因此，我们必须紧跟世界进步潮流，充分发挥网络对中小学生健康成长的积极作用。

首先，搞好网络基础设施建设。为此，要充分发挥政府、社会和企业"三驾马车"的作用，全面规划，统一建设标准，采用先进的信息网络技术整合现有资源，实现网络由单点应用向"相互共享、共同应用、互联互动"多点应用的根本转变。

其次，加大中小学校园网建设。中小学生在逐步走向成熟的过程中，摄取知识、学习做人的大部分时间都是在校园中度过的。因此，我们要为他们在校园里提供一个良好的网络环境，建设高质量的校园网。

为此，要保证大中小学校计算机的配置数量；解决好校园网络硬件设施建设问题；正确处理好硬件、软件和潜件的关系，立足于功能与效益的发挥，在"用"字上下工夫，认真实施"校校通"工程。

二、尽快建立一批适合青少年浏览的网站

互联网上的网站浩如烟海，各式各样的网站都在努力吸引中小学生的注意力，形形色色的网站都有他们忠实的"网虫"。有人曾经把互联网的竞争称为"争夺眼球的战争"。为了中小学生的健康成长，我们必须牢牢掌握网上育人的主动权。

首先，建设一批适合中小学生浏览的网站，全面推进"中小学生绿色上网工程"。

其次，在网上广泛开展各种有意义的、丰富多彩的活动。比如，我们可以开展网上作文大擂台，让广大中小学生参与作文比擂；开展网上论坛，对近期跟青少年有关的话题进行讨论；开展网上活动建设方案征集活动，让中小学生参与建设网站等等。

三、加强对中小学生信息素养的培育

信息素养是处在信息时代的青少年应当具备的基本素质。加

强对青少年信息素养的培育，应注重培养五种能力：

1. 快捷、高效地获取信息的能力。

2. 科学认识、评价信息的能力。

3. 吸收、积累和运用信息的能力。

4. 驾驭信息和创新的能力。

5. 遵守网络道德规范的能力。

四、加强网上信息资源的开发和利用

为了中小学生能够有效利用网络，在网络社会中健康成长。我们必须切实把青少年网上信息资源建设放在突出位置，投入大成本搞教育信息资源开发，综合多媒体、数据库、网络、人工智能等技术，建设中国教育信息资源的"航母"。

与此同时，要充分发动广大教师开发青少年的学习资源。

中小学生网络交往的特点

一、开放性与多元性

网络化的交往超越了时空限制，消除了"这里"和"那里"的界限，拓展了人际交往和人际关系，使人际关系更具开放性。"电子社区"的诞生，使得居住在不同地方的人，都可以"在一起"交往和娱乐。同时，交往范围的不断扩大，必然会使人们的各种社会关系向多元化和复杂化方向发展。

二、自主性与随意性

网络中的每一个成员可以最大限度地参与信息的制造和传播，这就使网络成员几乎没有外在约束，而更多地具有自主性。同时，网络是基于资源共享、互惠互利的目的建立起来的，网民有权利决定自己干什么、怎么干，但由于缺乏必要的约束机制，网民必须"自己管理自己"，因此，有的人会在网上放纵自己、任意说谎、伤害他人，有的人甚至会扮演多种角色，在网上与他人进行虚假的交往，从而造成网上交往极大的随意性。

三、间接性与广泛性

网络改变人际交往方式，突出的一点，就是它使人与人面对面、互动式的交流变成了人与机器之间的交流，带有明显的间接性。这种间接性也决定了网络交流的广泛性。过去，时空局限一直是人们进行更广泛交往的主要障碍，而在网络社会，这一障碍已不复存在，只要你愿意，在网上可以与任何人直接"对话"。

四、非现实性与匿名性

网络社会的人际交往和人际关系的定义，已经突破了传统人际交往和人际关系的内涵。在网上，人们可以"匿名进入"，网民之间一般不发生面对面的直接接触，这就使得网络人际交往比较容易突破年龄、性别、相貌、健康状况、社会地位、身份、背景等传统因素的制约。

部分网民在网上交际时，经常扮演与自己实际身份和性格特点相差十分悬殊甚至截然相反的虚拟角色。比如，五尺壮汉可以将自己伪装成妙龄少女，与其他网民共演爱情悲喜剧；一旦"坏了名声"，又可以很方便地改名换姓，以新的面目出现。在这种情况下，很多网民往往会面临网上网下判若两人的角色差异和角色冲突，极易出现心理危机，甚至产生双重或多重人格障碍。

五、平等性

由于网络没有中心，没有直接的领导和管理结构，没有等级

和特权，每个网民都有可能成为中心，因此，人与人之间的联系和交往趋于平等，个体的平等意识和权利意识也进一步加强。人们可以利用网络所特有的交互功能，互相交流、制造和使用各种信息资源，进行人际沟通。

尽管"数字鸿沟"仍然存在，许多"信息边远地区"的人们，根本没有机会参与到网络人际互动中来，但总体而言，平等性仍是网络人际关系的主要特征。

六、失范性

网络世界的发展，开拓了人际交往的新领域，也形成了相应的规范。除了一些技术性规则（如文件传输协议、互联协议等），网络行为同其他社会行为一样，也需要道德规范和原则，因此出现了一些基本的"乡规民约"，如电子函件使用的语言格式、在线交谈应有的礼仪等。

但从现有情况看，大多数网络规则仅仅限于伦理道德，而用于约束网络人际交往具体行为的规范尚不健全，且缺乏可操作性和有效的控制手段。这就容易造成网络传播的无序和失范。事实上，网络社会充满竞争、冲突，时不时还会发生犯罪活动，这就需要有一定的社会道德、法律规范来调整网络人际关系，以维护正常的网络秩序。

七、人际情感的疏远

网络的全球性和发达的信息传递手段，使人与人之间的交往没有了空间障碍，同时也使现实社会中人与人之间的情感更加疏远。虽然网上虚拟交往可以帮助人们解脱一时的现实烦恼，找到一时的寄托，却不能真正满足活生生的人的情感需要，而有些人由于过分沉溺于虚拟的世界，往往会对现实生活产生更大的疏离感。

八、信任危机

网络虚拟化的人际交往方式，使得许多网民往往抱着游戏的心态参与网上交往，致使网上的信任危机甚于现实社会。与此同时，一些网民在现实生活中遇到挫折时，又会采取"宁信机，不信人"的态度，沉溺于"虚拟时空"，不愿直面现实生活。

网络是一把双刃剑，它既可以为人们带来便捷、高质量的社会生活，也会造成巨大的负面效应。这就提出了一个问题：如何处理和调适网上人际关系？解决这一问题，需要综合考察科学技术与生产力、人与社会等各种因素，把克服技术负效应与克服人自身的局限同时并举。

首先，确立具有普遍意义的网络人际交往规范，既要保持网络运行的自由、通畅，又要防止交往者彼此之间的行为越轨，造成过度侵害；其次，加强网络伦理建设，对网络技术给予更多的道德关怀，不应听任信息社会的道德无序；第三，制定、完善维系网络人际交往秩序的相关法规，打击网络犯罪；第四，加强对计算机介入的人际交流和人机协作的心理学研究，利用网络普及心理健康知识；第五，加强网络教育和控制，凸显网络所特有的合作和奉献精神；第六，利用网络特有的"虚拟群体"环境，帮助网络参与者体验社会多重角色，建立新型的社会关系。

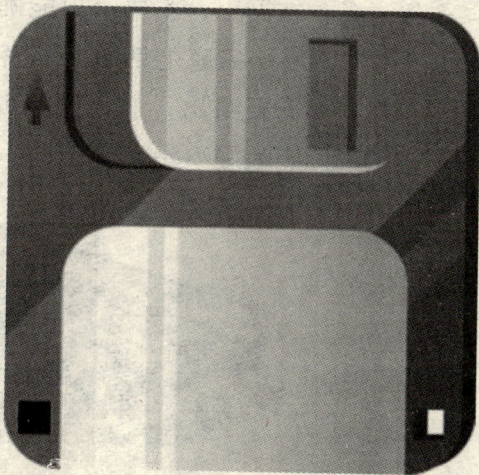

学生网络十条安全规则

第一条：在网上，不要给出能确定身份的信息，包括：家庭地址、学校名称、家庭电话号码、密码、父母身份、家庭经济状况等信息。如需要给出，一定要征询父母意见或好朋友的意见，没有他们的同意最好不要公布，如果公布要让父母或好朋友知道。

第二条：不要自己单独与网上认识的朋友会面。如果认为非常有必要会面，则到公共场所，并且要父母或好朋友（年龄较大的朋友）陪同。

第三条：如果遇到带有脏话、攻击性、淫秽、威胁、暴力等使你感到不舒服的信件或信息，请不要回答或反驳，但要马上告诉父母或通知服务商。

第四条：未经过父母的同意，不向网上发送自己的照片。

第五条：记住，任何人在网上都可以匿名或改变性别等。一个给你写信的"12岁女孩"可能是一个40岁的先生。

第六条：记住，你在网上读到的任何信息都可能不是真的。

第七条：当你单独在家时，不要允许网上认识的朋友来访。

第八条：经常与父母沟通，让父母了解自己在网上的所作所为。如果父母实在对计算机或互联网不感兴趣，也要让自己的可靠的朋友了解，并能经常交流使用互联网的经验。

第九条：控制自己使用网络的时间。在不影响自己正常生活、学习的情况下使用网络，最好平时用较少的时间进行网络通信等，在节假日可集中使用。

第十条：切不可将网络（或电子游戏）当作一种精神寄托。尤其是在现实生活中受挫的青少年，不能只依靠网络来缓解压力或焦虑。应该在成年人或朋友的帮助下，勇敢地面对现实生活。

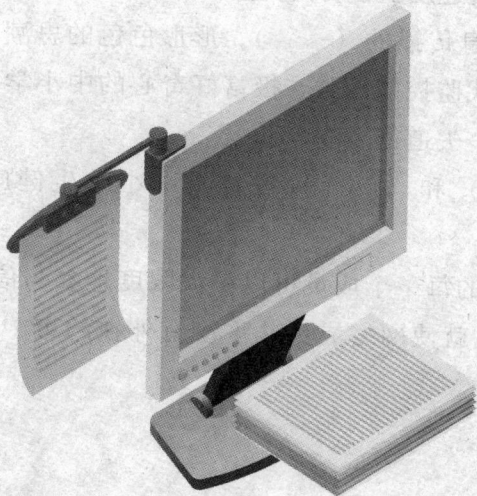

单元练习

一、填空题

1. （   ）是一个信息极其丰富的百科全书式的世界，信息量大，信息交流速度快，自由度强，实现了全球信息共享。

2. 由于信息传播的（   ），形形色色的思潮、观念也充斥其间，对于自我监控能困强、极富好奇心的中小学生具有极大的诱惑力，导致丧失道德规范。

3. （   ）和（   ）教育是中小学生健康成长的关键因素。

4. 网络中的每一个成员可以最大限度地参与信息的（   ）和（   ），这就使网络成员几乎没有外在约束，而更多地具有（   ）。

二、问答题

1. 网络具有哪些特征？

2. 中小学生上网的负面影响有哪些？

3. 中小学生上网的正面影响有哪些？

4. 中小学生网络交往的特点？

第二单元
文明上网的常识

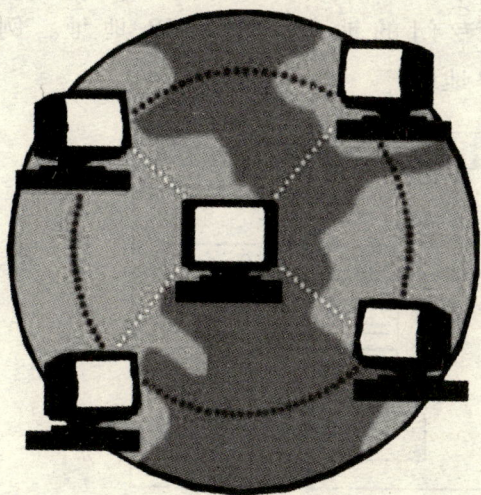

中小学生网络基本常识入门

一、网络

计算机网络是指处于不同地理位置的多台具有独立功能的计算机系统通过通信设备和通信介质互连起来，并以功能完善的网络软件进行管理并实现网络资源共享和信息传递的系统。

二、IP 地址

在 Internet 上有千百万台主机，为了区分这些主机，人们给每台主机都分配了一个专门的地址，称为 IP 地址。例如 218.30.21.39 就是一个 IP 地址。

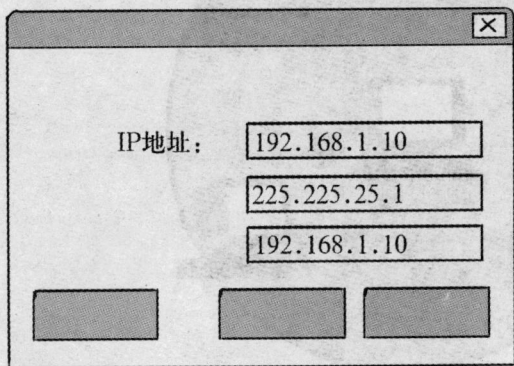

IP地址：

192.168.1.10

225.225.25.1

192.168.1.10

三、域名

Internet 域名是 Internet 网络上的一个服务器或一个网络系统的名字，在全世界，没有重复的域名。域名的形式是以若干个英文字母或数字组成，由"．"分隔成几部分，如 163.com、sina.com 就是域名。

四、网址

网址和域名大致上没有什么区别，以百度为例，通常我们说域名就是 baidu. com，网址就是 http：//www. baidu. com。

五、服务器

服务器是计算机的一种，它是网络上一种为客户端计算机提供各种服务的高性能的计算机，它在网络操作系统的控制下，将与其相连的硬盘、磁带、打印机、Modem 及昂贵的专用通讯设备提供给网络上的客户站点共享，也能为网络用户提供集中计算、信息发表及数据管理等服务。

六、域名解析

域名解析就是域名到 IP 地址的转换过程。机器间互相只认 IP 地址，为了简单好记，采用域名来代替 IP 地址标识站点地址，需要域名和 IP 地址是一一对应的，域名的解析工作由 DNS 服务器完成，整个过程是自动进行的。

域名解析也叫域名指向、服务器设置、域名配置以及反向 IP 登记等等，就是把由主机名，如 www，字母，数字以及连字符等等构成的网址解析成 32 位的 IP 地址，如 202. 100. 222. 10，或把网址指向网址等。

七、URL

URL（Uniform Resoure Locator：统一资源定位器）是 WWW 页的地址，它从左到右由上述部分组成：Internet 资源类型（schen me）：指出 WWW 客户程序用来操作的工具。如"http：//"表示 WWW 服务器，"ftp：//"表示 FTP 服务器，"gopher：//"表示 Gopher 服务器，而"new："表示 New-

group 新闻组。服务器地址（host）：指出 WWW 页所在的服务器域名；端口（port）：有时（并非总是这样），对某些资源的访问来说，需给出相应的服务器提供端口号；路径（path）：指明服务器上某资源的位置（其格式与 DOS 系统中的格式一样，通常有目录/子目录/文件名这样结构组成）。与端口一样路径并非总是需要的。URL 地址格式排列为：scheme：//host：port/path 例如：//www. sohu. com/domain/HXWZ 就是一个典型的 URL 地址。

文件(F)　编辑(E)　查看(V)　转到(G)　书签(B)　标签页(A)　工具(T)　帮助(H)

http://www.ABC.Com

八、域名指向

地址转向即将一个域名指向到另外一个已存在的站点，域名指向可能这个站点原有的域名或网址是比较复杂难记的。

九、泛域名解析

泛域名解析定义为：客户的域名 a. com，之下所设的 ∗. a. com 全部解析到同一个 IP 地址上去。比如客户设 b. a. com 就会自动解析到与 a. com 同一个 IP 地址上去，显示的是跟 a. com 一样的页面。

它和域名解析有什么区别呢？泛域名解析是将"∗. 域名"解析到同一个 IP；而域名解析是将"子域名. 域名"解析到同一个 IP。

注意：只有客户的空间是独立的 IP 时候泛域名才有意义，而域名解析则没有此要求。

十、动态 IP 和固定 IP

固定 IP 地址是长期固定分配给一台计算机使用的 IP 地址，一般是特殊的服务器才拥有固定 IP 地址。通过 Modem 和电话线上网等的机子不具备固定 IP 地址，而是由 ISP 动态分配暂时的一个 IP 地址。普通人一般不需要去了解动态 IP 地址，这些都是计算机系统自动完成的。

十一、URL 服务指向

URL 指向是当您已经有了现成的网页，并希望将新注册的域名指到已经有的网页去，以省去了重新设立网页的烦恼。举个例来说：如果您现在在 Chinaren 的主页那里已拥有了 http：//yourdomain. home. chinaren. com 网页且正在运作，您也同时要将相同的内容放 www. yourdomain. cc 里。那么，您只需将域名转接到下面这个网址就可以了：yourdomain. home. chinaren. com 。

十二、域名和网址的区别

域名是 Intevnet 上用来寻找网站所用的名字，是 Intevnet 的重要标识，相当于主机的门牌号码，在全世界，没有重复的域名 。企业上网的第一步就是要为自己的公司申请域名。例如：中央电视台的域名是 www. cctv. com，山石科技的域名是 www. 30t. com ，这也就是我们常说的网址。域名是互联网上一个企业或机构的名字，又称企业网上商标。

国际域名（以 .com、.net 结尾的域名;）和国内域名（以 .cn 结尾的域名）。国际域名又分为国际英文域名（如：www. 30t. net；www. 163. com）和国际中文域名（如：新浪 . com）。国内域名也分为国内英文域名（如：www. sina. com. cn）和国内中文域名（如：www. 龙城 . com. cn 或 www. 龙城 . cn）。

依照规定，域名后缀代表的业务或服务性质如下：.com 用于

商业性的机构或公司；.net 用于从事 Internet 相关的网络服务的机构或公司；.org 用于非盈利的组织、团体；个人通常用 .com 。

域名由各国文字的特定字符集、英文字母、数字及 " - "（即连字符或减号）任意组合而成，但开头及结尾均不能含有 " - "。域名中字母不分大小写。域名最长可达 67 个字节（包括后缀 .com 、.net 、.org 等）。例如：your - name.com 即是一个合格的域名，而 www.your - name.com 是域名 your - name.com 下名为 www 的主机名。

十三、域名在网站开通前必须要备案

互联网信息服务管理办法规定：为规范互联网信息服务活动，促进互联网信息服务健康有序发展，根据国务院令第292号《互联网信息服务管理办法》及信息产业部令第33号《非经营性互联网信息服务备案管理办法》规定，国家对经营性互联网信息服务实行许可制度，对非经营性互联网信息服务实行备案制度。未取得许可或未履行备案手续的，不得从事互联网信息服务，否则属于违法行为。

有关部门要求，网站接入者必须履行 "先备案，后开通" 的原则，否则将对接入者一并处罚。为了您的网站的正常运营，保护您自身的合法权益，请立即提交网站备案申请（www.miibeian.gov.cn），备案不会收取任何费用。

中小学生使用互联网的特征

一、上网地点

58.8％的中小学生用户在家里上网，31.5％的用户在亲戚朋友家上网，在网吧、咖啡厅或电子游戏厅上网的占20.45％，在父母或他人办公室上网的占15.0％，在学校上网的占10.8％。

二、上网时间和对上网时间的满意度估计

中小学生用户平均每周上网时间212分钟左右，如果平均到每日，约30分钟左右。37.0％的用户认为自己上网时间"正好"，认为"比较多还能满足"的用户占12.0％，认为"太多了"的仅为0.7％，31.7％的用户认为"比较少"，18.5％的中小学生用户认为"太少了"。也就是说，50％的中小学生用户对上网时间并不满足。

三、互联网功能的使用

玩游戏占 62%；使用聊天室占 54.5%；收发电子邮件占 48.6%；下载储存网页占 39.7%；使用搜索引擎占 25.0%；订阅新闻占 21.9%；网络电话占 14.7%；网上寻呼占 14.3%；制作和更新个人网页占 12.6%；上传文件占 9.4%；公告板（BBS）占 9.2%；代理服务器占 2.3%。

四、用户和非用户对互联网的需求

用户选择"获得更多的新闻"为最重要的需求的比例最高，其均值为 3.81（满分为 5 分，以下同）。以下依次是："满足个人爱好"为 3.74；"提高课程的学习效率"为 3.71；"课外学习和研究有兴趣的问题"为 3.67；"结交新朋友"为 3.65。最不重要的需求是"享受成年人的自由"，均值为 2.81。

中小学生使用互联网的标准

一、远离黄色、暴力的网络

电脑网络对中小学生心理发展及心理健康的影响是双重的，有消极影响更有积极影响，关键在于学校、家庭、社会如何进一步发挥电脑网络积极的心理效应，控制和减少其消极作用，这是面临的一个全新课题。我们根据调查的数据和结果提出如下建议：中小学生要在学校和家长的教育下，在感性与理性认识相结合中学会五个拒绝：一是拒绝不健康心理的形成；二是拒绝网络侵害；三是拒绝不良癖好、不良行为；四是拒绝黄色、暴力的毒害；五是拒绝进入未成年人不应该进入的网吧。总之，中小学生要自觉遵守互联网道德规范，自觉抵制不良网络信息的侵蚀。

二、遵守网络道德规范，养成上网的良好习惯

中小学生不要沉迷于网上聊天、游戏等虚拟世界，不浏览、制作、转播不健康信息，不使用侮辱、谩骂语言聊天，不轻易和不曾相识的网友约会，尽量看一些和自己的日常学习生活有益的东西，并且一定要注意保持自制力；在上网之前，最好能拟个小计划，把要做的事情先写下来，一件一件地去做。

正确引导中小学生使用互联网

一、家长要积极主动关心孩子，正确引导上网

作为家长一定要关心自己孩子的学习和生活情况，避免学生在不被父母知道的情况下私自去网吧上网。另外部分中小学生往往在家中使用互联网，家长应该对网络有一定的认识，要正确引导孩子上网的目的，同时也要关心孩子到底看些什么，学到了什么，并且要和孩子一起学习、交流、成长。

心理咨询实践表明，许多家庭教育失败的原因，就是家长与孩子之间缺乏有效的沟通。家长与孩子上网，可以提供两代人交往探讨的话题，共同上网，查找信息，评论是非这就是一个实施家庭教育的好机会。家长要有超前意识，不断学习，提高自己各方面的修养和能力，争取成为自己子女最佩服的人。

加强对孩子上网监管，更是每个家长责无旁贷的事情，严格控制孩子的上网内容、上网时间，只有这样，才能充分发挥网络的作用，既借助网络帮助中小学生成才，又消除它的负面影响。同时父母应该加大对孩子的网络安全教育，加强与学校的信息沟通，避免孩子在家或在网吧登录不良网站，以免受到网络侵害或引发违法犯罪。

二、学校要加强中小学生全面素质教育

学校是法制教育的主要渠道，要加强对学生的思想道德与遵纪守法及网络自护的教育，丰富学生的课余文化生活；各学校的法制校长和德育教师要结合学生实际，在学生中以专题讲座等形式开展网络法制教育，并组织专题讨论。

充分考虑中小学生的身心特点，以生动活泼的形式开展理想

信念教育，使他们坚定走社会主义道路的信心，树立起正确的人生观、世界观、价值观，增强他们道德判断能力，指导他们学会选择，识别良莠，提高自我约束、自我保护能力，鼓励他们进行网络道德创新，提高个人修养，养成道德自律。同时有条件的学校还可以建立校园网吧，提供学生安全健康的上网环境。

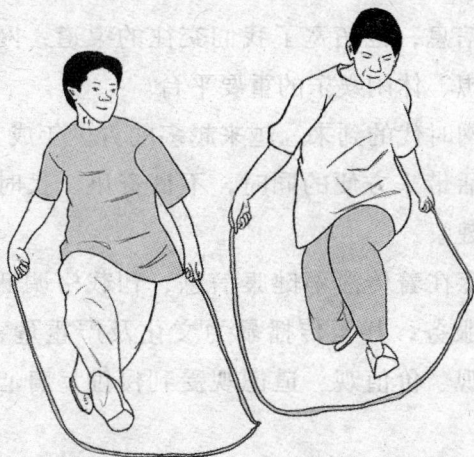

三、建立适合中小学生的绿色网站，占领网络前沿

目前，形形色色的网站很多，但健康、具有教育功能的网站缺少点击率。因此，需要加强网络工作的队伍建设，努力建设一支既具有较高的思想道德修养、了解熟悉中小学生心理特点、思想情况，又了解网络文化特点，能比较有效地掌握网络技术的队伍，建设一批能吸引中小学生"眼球"的绿色网站。

在网上进行生动活泼的教育，弘扬主旋律。适合中小学生身心发展的网站，用主旋律和喜闻乐见、深入浅出的内容吸引中小学生、凝聚中小学生，生活在信息高速路上的一代中小学生就一定能够茁壮、健康地成长起来。

中小学生文明上网公约

在我们建设和谐社会、和谐学校、和谐课堂的今天，互联网技术得到迅速普及并逐步渗透到学习、生活的各个领域，互联网带给我们大量信息，也拓宽了我们交往的渠道，网络已成为学习知识、交流思想、休闲娱乐的重要平台。

随着互联网时代的到来，越来越多的青少年成为"网民"。网络在给我们生活带来方便的同时，不良资讯、长时间上网也危害着我们的身心健康。

个别网站存在着传播不健康信息、刊载格调低下的图片、提供不文明声讯服务，甚至传播暴力文化及严重危害社会的内容，使青少年人生观、价值观、道德观受到侵蚀，身心受到摧残，行为失范。

营造健康文明的网络文化环境，清除不健康信息已成为社会的共同呼唤、家长的强烈要求和保障未成年人健康成长的迫切需要。为使网络成为传播先进文化的阵地、虚拟社区的和谐家园，广大青少年上网时应共同遵守如下条约。

一、端正思想

树立正确的荣辱观，抵制腐朽思想的侵害，接受科学进步的思想。坚决贯彻、落实胡锦涛总书记提出的以"八荣八耻"为主要内容的社会主义荣辱观，以传播弘扬热爱祖国、服务人民、崇尚科学、辛勤劳动、团结互助、诚实守信、遵纪守法、艰苦奋斗的内容为荣，努力营造健康向上的网上舆论氛围。

二、营造文明

争做《全国青少年网络文明公约》的实践者，营造文明、安全的网络环境。要自觉远离网吧，不利用网络煽动闹事、拨弄是非、造谣生事，不在网络上冒名顶替、诬蔑欺骗，不散布虚假言论，不轻信网上流言。

三、清扫"垃圾"

共同维护文明网络环境，共同清扫网络垃圾。不制造和传播网络病毒，维护网络安全，不在网上宣传色情、迷信、暴力的内容，不在网上谩骂、攻击他人，注意文明用语，自觉抵制不文明行为。

四、正义上进

文明上网，上文明网，上安全网，做有正义感、责任感、上进心的网民。要增强自护意识，不随便约见网友；牢记学生身份，只撷取有益的信息和资料，自觉遵守网络公德，争当新时代的好青年、好少年。

青少年是祖国的未来和希望，是最具科技意识和创新能力的一代，青少年是网络活动中的主体，我们要从现在做起，从自我做起，自尊、自律、自强，上文明网，文明上网，让网络伴随我们健康成长。

五、全国中小学生网络文明公约口诀

要善于网上学习，不浏览不良信息。

要诚实友好交流，不侮辱欺诈他人。

要增强自护意识，不随意约会网友。

要维护网络安全，不破坏网络秩序。

要有益身心健康，不沉溺虚拟时空。

单元练习

一、填空题

1. 计算机网络是指处于不同地理位置的多台具有独立功能的计算机系统通过（　　）和（　　）互连起来，并以功能完善的网络软件进行管理并实现网络资源共享和信息传递的系统。

2. 只有客户的空间是（　　）时候泛域名才有意义，而域名解析则没有此要求。

3. 青少年是网络活动中的主体，我们要从现在做起，从自我做起，（　　）、（　　）、（　　），上文明网，文明上网，让网络伴随我们健康成长。

二、问答题

1. 什么是 IP 地址？

2. 什么是域名？

3. 什么是服务器？

第三单元
避免网络的陷阱

避免网络长话诈骗

伴随计算机及互联网的普及，网上长话诈骗活动越来越多。青少年要擦亮眼睛，谨防上当受骗。福州电信部门曾接到几十起上网用户有关国际话费的投诉，反映没有拨打国际长途电话却出现高额话费。

竹歧乡的林先生上网时因好奇浏览了一些非法网站，结果当天产生国际话费1300多元；某公司值班人员晚上为打发时间上网冲浪，结果短短10天产生国际话费5200多元；家住福州道山路的郑先生7岁的小孩暑假在家玩电脑，一周内话费近3000元。

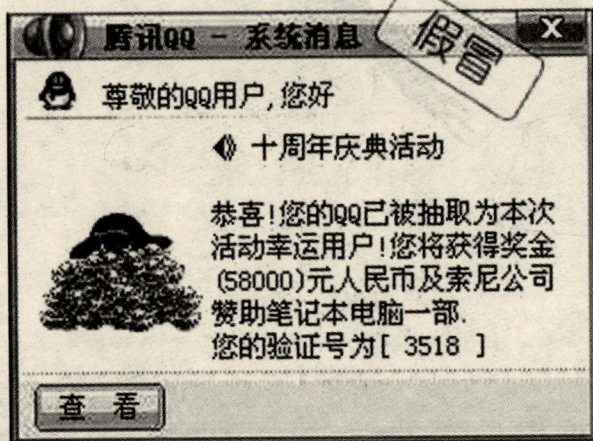

庞大的信息网络里存在各式各样的陷阱。一些常见的"网络陷阱"设置在国外某些成人网站中。当用户在不知情的情况下点击该站点网页时，就有可能点击了这些成人网站中可能含有的自动拨号软件。计算机将自动切断原来的用户本地互联网连接，改以长途电话线路拨号上网，用户沉浸于网上内容，不知不觉中便产生了高昂的国际长途话费。

另外，一些"黑客"埋伏在某些成人网站外，用户一旦登录这些网站，用户的个人信息比如上网账号、密码等就都有可能被这些黑客盗取。

为此，电信部门专家提醒用户：电话拨号上网时，若有国际长途直拨功能应加锁限制，最好经常更换密码，不要浏览色情网站，不要随便下载陌生、不知名的软件特别是拨号软件，因为这类软件都是自动执行安装，一旦点击下载其内容，电脑会出现二次拨号或者被对方控制在特定时间自动拨号，拨叫号码通过长途电话线路重新拨号到外国网站上，变成通过国际长话上网，用户在浏览网上内容的时候，高额国际长途话费同时产生。

针对一些中小学生沉溺于网络游戏、上网聊天乃至色情网站，已成为网络陷阱的受害者。专家认为，这一方面需要家长们做好孩子的思想工作，另一方面也需要家长掌握一些防范网络陷阱的"妙招"。

比如：安装保护软件，以便"过滤"出黄色、暴力内容；控制孩子的上网时间和地点；教会孩子学会识别网络黄毒和网络陷阱，让孩子接触健康科学的性知识书籍；定期适当检查孩子上网内容，培养他们健康的爱好和"上网观"等等。

避免网络聊天诈骗

随着互联网的发展和普及，利用网络聊天进行诈骗的犯罪活动日益猖獗，上网聊天本是现代社会交友联络的好方式，有人却利用网络聊天进行诈骗。青少年要提高法律意识和自我保护意识，谨防受骗案。

青少年在网上聊天时，不可轻易相信网友承诺的约见，不要把自己家的网络、银行卡、信用卡账号和密码泄露给别人；不使用网吧的电脑进行网上购物、支付等操作；登陆网上银行时，要注意核对网址，留意核对所登陆的网址与协议书中的法定网址是否相符。对来历不明的短信或邮件提高警惕，如接到类似电话、短信或邮件可直接联系发卡银行进行确认。

一、盗取 QQ 号

通过网络聊天，骗取好友信任或是利用木马程序盗取好友 QQ 号码，冒充原号码使用者，对其好友再进行诈骗。

二、种植电脑病毒

通过网络聊天，给好友电脑种植病毒、木马获取好友网上银行相关信息。

三、通过聊天直接诈骗钱财

有些骗子通过网络聊天，伪装贫困，骗取同情，从而诈取钱财。他们往往会把一些情节编造得天花乱坠，同时又悲惨绝伦，让不明真相的上当者心生怜悯，如果我们稍不留神，就会轻信骗子的花言巧语，上了他们的圈套。

　　2005 年 5 月初，北京一男孩在网上通过 QQ 聊天，认识外地一女孩，该女网友向其诉说自己的求学的痛苦，并约定到北京会面但苦于无路费，当男孩向父母要了 2000 元按其指定账号汇出后，女网友随即消失。

　　2005 年 7 月，绵阳市西南科技大学学生郭某在 QQ 上聊天时，碰见泸州高中同学在线，二人聊了不久，对方提出借 100 元钱并告知一银行账号，郭某随即汇出 100 元。当晚，郭某接到哥哥电话，问为何在网上向他索要 500 元，郭某感觉事出蹊跷，立即上网查证，发现自己的 QQ 号码已被盗，同时发现有人利用自己的 QQ 号向其同学及好友进行诈骗。

避免网络短信诈骗

网络短信诈骗就是诈骗者利用网络群发短信的便利条件进行诈骗活动。网络短信诈骗活动大致有如下形式：

一、伪装成朋友的

"XX，我正在外出差，手机马上欠费了，帮我买张充值卡，卡号和密码用短信发给我。"

二、以中奖作为幌子的

"我是 XX 公证处公证员 XX，恭喜你在 XX 活动中中奖了，奖品是×××，价值×××万元，请你带着本人身份证和 750 元手续费去 XX 处领奖。"

三、冒充通信运营商的

"你好，移动通信公司现在将对您的手机进行线路检测，请您暂时关闭手机 3 个小时。"

四、假装银行机构的

"尊敬的××银行客户您好！因日前发生多起资料外泄取款卡遭复制盗领事件，为避免盗领，请立即与某金融相关单位联系×××××（某固定电话号码）。"

"×××您好！你的储蓄卡于××（多为商场或其他消费场所）刷卡消费×××元成功，此笔消费将从您账上扣除。如有疑问请拨×××××（某固定电话号码）某金融相关单位。"

五、有效防范网络短信诈骗

网络、短信等诈骗事件的屡屡发生，在很大程度上与青少年的风险防范意识薄弱有关。事实上诈骗团伙的手段并不高明。但由于消费者的粗心大意或是贪小便宜，给了不法分子可乘之机。

青少年的风险防范必须从细节做起，时时警惕。另外，也需要对当前的主要诈骗手段有所了解，知己知彼，方能安全无风险。

在网络空前发达的今天，有部分银行为持卡人提供了银行卡取现以及消费的短信提醒服务，正规的短信内容一般包括发生交易的银行卡卡号或卡号的最后若干位数。以此区分真假短信。

青少年持用家长的信用卡时，应增强安全用卡的意识。详细了解发卡行提供的有关银行卡的使用方法和安全防范要求，保管好银行卡及密码，不对外泄露银行卡信息，更不要轻易将资金转入陌生账户，这些都可以提高安全系数。

对于中奖之类的短信，则不应贪图小便宜而误入圈套。另外，如遭遇诈骗行为，应及时报警，积极配合公安机关的侦破等工作。毕竟打击违法犯罪活动是全社会的责任。

对于网上购物，首先应确定其可信度，应尽可能选择知名度较高的网站。应注意通过多种途径了解商品性能、价格，再购买。网上购物应索取购物凭证或保存交易协议或电子版凭证，收货时更要当场验明"正身"。

避免网络交友诈骗

网友，已成为现在一个非常时尚的概念。网友是人们对那些通过在网络上聊天、探讨问题所结识的朋友的称谓。互联网的出现拓展了人们的交往空间，也因此改变了某些人的交友方式。但是，青少年在网上聊天、交友，最容易受到引诱、教唆、性骚扰，甚至伤害。一项最新调查发现，在使用互联网电子聊天室的青少年中，平均每5个孩子中就有一个被骚扰过。作为未成年人的孩子，网上聊天、交友要慎之又慎，小心坏人在网上教唆孩子学坏，引诱孩子上当。

一、警惕网上色狼

一些骗子为了达到自己的目的会长时间地在网上逗留，寻找自己的猎物。他们会充分施展自己的诈骗才能，或者侃侃而谈，或者妙趣横生，直到骗取你的家庭住址，电话号码，你的生活习惯，你的各种喜好等等。等你消除戒心以后再更进一步地取得你的信任，到时候可能把你的邮箱密码或者是游戏密码甚至是银行账号和密码也骗到手。如果你是一个女同学，那就更加要注意，你在聊天时认识的那个风度翩翩学识渊博的人，很可能就是一个大骗子。

13岁的丽丽是"小网虫"，假期的第一天，在征得妈妈的同意之后，她开始在网上征友。她给自己起了一个非常有趣的名字叫"开心果"。从此，她每天都会收到数十条来自四面八方的回信，其中有个名叫"开心鸟"的网友，丽丽觉得他可不是一般性人物，谈吐不凡，知识面宽广，真让丽丽觉得相见恨晚。

后来，"开心鸟"发出了会晤邀请，丽丽非常苦恼，心想不去，唯恐会失去一位网上密友；如期赴约，又心有余悸。最后，聪明的丽丽想出了一个两全齐美的办法，她请爸爸作陪，并将约会地点定在博物馆门口。约会的时间过了 10 多分种，网友终于出现。令丽丽吃惊的是，自称是 17 岁的网友，看上去年近 40 岁，而且一见面，他就邀请丽丽去宾馆坐坐，说是已开好了房间。

因有爸爸在不远处监护着，丽丽也不害怕，大胆地和网友一起去宾馆。随后的事更让丽丽措手不及。网友刚刚落座，就要来抱丽丽亲热，然后还去解丽丽的衣扣，欲行不轨。幸亏爸爸及时听到丽丽的呼救，才制止了悲剧的发生。

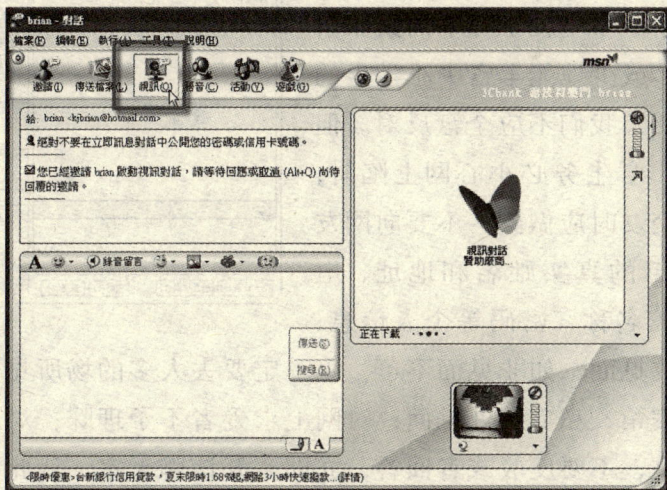

二、避免网络情感诈骗

网络情感诈骗，是指犯罪分子通过网络与受害人谈恋爱、结婚等形式骗取财物。田某在网络聊天时认识一位自称姓杨的女孩，二人一见钟情，恋爱不久女孩就要求结婚，田某也非常愿意。女孩就以回老家办结婚证明为由，向田某要了 3000 元现金，但一去不返。

三、警惕网上劫匪

还有一些犯罪分子利用网友的外衣图色图财。一天晚上，15岁的中学生赵晴在网上遇到网名为"眼神"的男孩。两人一"见"如故，并在电话里约定在某网吧见面。20 分钟后，赵晴在那家网吧见到了"眼神"及另外两个男青年。几人在饭店晚餐后，"眼神"提出先送两位朋友回家，再送赵晴，4 人同乘一辆出租车，不一会儿便出了市区。途中赵晴要求下车，遭到拒绝。3 名男青年将赵晴拖进一处平房，实施轮奸。随后抢走了她的手机和1500 元现金。

网上交友聊天，某种程度上能够释放中小学生在学习中的紧张情绪，或多或少地能丰富中小学生的精神生活，我们不应全盘反对。但是，中小学生务必小心网上陷阱，在网上交友时应做到：不要向网友说出自己的真实姓名和地址、电话、学校名称、密码等个人信息；不与网友见面，如非见面不可，也一定要去人多的场所见面，切不可去宾馆、私宅等处见面；对网上求爱者不予理睬；对谈话低俗的网友，不要反驳或者回答，立即离开该聊天室，从此不再理他，也不要再用过去的网名上网。

避免网络广告诈骗

网络广告诈骗就是网络骗子为了自身利益发布的损害消费者利益的虚假、违法广告。从现状看，网络广告诈骗主要有以下几种表现形式：

一、诱饵广告

即施动者对实际上不能进行交易的商品作出广告，或者对商品的数量、日期有显著限制而在广告中不予明示，以此引诱受动者前来购买，并鼓动其购买广告商品之外的商品。据报道，美国为了对付此类网上欺诈活动，其联邦贸易委员会还专门设立了一个网站，将欺诈性网站链接、输入到其数据库中。

二、虚假广告

即广告施动者利用虚假的事实进行广告，以骗取受动者对其产品或服务的信任，从而成为购买其商品或服务的潜在客户。网络广告的诚信问题同样值得关注。网络广告由于市场准入门槛相对较低，所需成本也不高，互联网的草根性已然使得每个人发布广告成为可能，加上法律法规上的相对滞后，网络广告管理起来

步履维艰。一些网站妄视法律、消费者利益，发布虚假内容广告，甚至从事法律禁止的内容宣传，给网络广告以及互联网的健康发展蒙上一层阴影。

名人

三、滥用名人肖像的广告

名人的广告效应是显著的，而一些网站（尤其是中小型网站）一方面希望扩大自己的影响，以产生丰厚的经济效益，但另一方面又不愿或无力提供足够的资金，于是常常不经名人的同意，擅自对其肖像进行加工处理，制作成网页或 Flash 图片，以扩大自身的对外宣传。

四、违反行业规定的广告

不同行业对各自的广告要求也不同，例如药品和烟草的广告就有其特殊要求，如果网络经营者未能根据法律对特定行业的特殊规定进行广告活动，则很可能构成违法广告。

网上有很多付费广告，一些个人网站就是靠这些广告收入维生。但是这些广告的点击率通常不高，于是这些网站的站长就把这些广告的链接改成某些吸引人的文字，以 E-mail 的形式发到你的信箱。你想看看这些链接到底是什么，那么就会被骗去替他点击广告了。

　　当然，这种损失还不算大，我们也不过是做了一次免费的劳动力，如果我们看了某些广告再继续去购买他们的产品的话，那么这个亏可能就要吃大了。

　　由于互联网的鲜明特色，使得网络诈骗具有多发性，隐蔽性，强攻击性等特点，网络诈骗一旦发生，网民和社会管理工作者很难防范与应付，这就需要青少年时刻提高警惕，加强防范措施，最大限度地避免诈骗广告给自己带来的损害。

避免网络购物诈骗

　　"网络购物"因其快捷、时尚的特点，已被越来越多人接受，人们只需移动鼠标、打个电话，就能轻轻松松得到自己心仪的产品。但青少年在网上购物应小心诈骗。

一、方便快捷背后陷阱重重

　　网络购物诈骗行骗人一般采取广泛撒网重点培养的方式行骗；由于互联网的无边界特性，行骗人一般选择异地行骗；网络诈骗分子往往在得手后会毁掉网上证据，另辟一套网上虚拟身份和虚假信息"重操旧业"，这种做法不仅增加了警方侦查工作的难度，也增加了消费者网上购物的风险。

二、网络购物安全防范6大守则

　　网络购物风险重重，因此青少年在网上购物时一定要识别网络购物中的陷阱，提高安全防范意识。网络购物的安全防范6大守则是：

1. 要对所购买的物品有所了解，包括目前市场的价格。

2. 核实网络卖家留下的信息。

3. 尽量去大型、知名、有信用制度和安全保障的购物网站购买所需的物品，先货后款，收到货物后当面验货。

4. 谨慎对待卖方交付定金的要求。

5. 尽量不要使用公用的电脑进行购物、支付等操作，更不要轻易地将自己的网络账号、信用卡账号和密码泄露给陌生人。

6. 发现有网站发布不良、违法信息及涉嫌诈骗的，或已经掉进网络诈骗陷阱的，应及时到公安机关举报或报案。

避免网络大奖赛诈骗

同手机短信诈骗相似，有些时候你可能会发现邮箱里多了一个陌生的邮件，标题就是恭喜您中了某某促销活动的大奖，再定睛细看，可能还是不小的奖项。可能是你一直想要的新款 MP4，要么是一款你心仪已久的笔记本电脑，还有可能是 80 万巨奖。要求你做的恐怕并不多，手续也不复杂，你只要往指定的账号汇一笔款子就行。

贪得的诈骗者可能会要你汇几万元，小有心计的骗子可能会只要你汇个十元八元的（或者这样我们会因为钱少而吸引力大就更容易上当）。

总之目的只有一个，就是骗你口袋里的钱；如果我们不注意，轻信骗子的伎俩，那么遭殃的起码就是我们的零花钱了。

恭喜您中奖了！

刘某就在网上遇到过这样的陷阱。他在某个人主页上看到 XX 征文大赛的通告，征文题目不限、内容自拟，获奖者除了获得很高的奖金外，其作品还会被收入《XXXX》，而报名的条件只需你交纳 5 元的报名费。

刘某交了钱，寄了文章，最后却没了消息。这种小额诈骗最容易得逞，也不会有人追究，这就使骗子大骗其钱。

如果你是一个网上文学爱好者，经常在 BBS 和某些文学网站上发表文章。也许有一天，你会接到这样一封信。

信上说，他们是某某大奖编纂委员会的，目前正在编纂《中国 XX 获奖网络文学精品选》并将在全国发行，你的某篇大作已经入选该文集，但需汇几百元钱，购买十套书分销。如果你误信其言，最后就会什么也得不到。

避免网络黑客诈骗

黑客本来是一些操作计算机的高手，不过他们骗起来可能会更黑。我们在 OICQ 聊天的时候很可能会有一些陌生人甚至是熟悉的人发过来文件让你接收，这些陌生的文件里很可能就藏有木马病毒。你千万别小瞧这些计算机病毒，一旦你打开这些文件，你的电脑可能就会变成傀儡。

黑客远隔千里就可以控制你的电脑，木马病毒会把你的电脑的秘密全部传送给黑客，然后你的秘密可能就会毫无保留地被查阅，包括你的 OICQ 密码，你的游戏账号等等，一旦上当，你自己的电脑就变成了黑客的仓库，这是不是很苦恼？

有些黑客往往在自己的主页上制造种种借口，或以大奖作诱饵，要求访问者留下自己的网上用户名、账号、密码、信用卡密码等个人敏感信息，碰到这种情况，你千万千万要记住：不要一时冲动，将自己的资料和盘托出！不管对方吹得如何天花乱坠，只要做到心明眼亮，对方就只能徒呼奈何。

病　毒

不过，黑客总是会绞尽脑汁地不断变换作案手法，千方百计地要攻破别人的城池。下面是黑客常用的几种攻击手段。

一、窃取他人信息

在登录一些网页时，网页往往要访问者填写一些密码之类的个人信息后才能进入。一些高明的黑客正是利用了这个过程，精

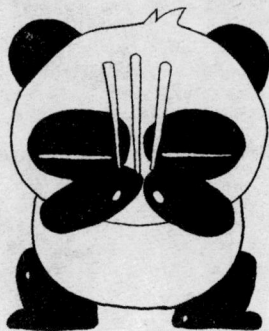

心伪造一个登录页面，抢在真正的登录页面之前出现，待你写下登录信息并且发送后，真正要登录的页面才会出现，而这时你的秘密已经被窃取了。对付此种黑客，最佳的解决之道就是防患于未然，经常查看服务器的运作日志，若发现疑点要及时处理。

二、利用防火墙漏洞

一些黑客利用某些防火墙的漏洞，巧妙地将自己的 IP 请求设置为指向防火墙的路径，而不是受防火墙保护的主机，所以他们可以畅通无阻地接近防火墙，这时黑客已经达到了目的。因为此时他们完全可以利用防火墙作跳板，轻松地长驱直入，直捣主机。如果有这种情况发生，那就得更换防火墙，或者升级原来的防火墙。

三、通过技术分析

一些黑客中的高手凭借自己高超的技术，通过分析 DNS（域名管理系统）而直接获取 Web 服务器等主机的 IP 地址，从而为攻击网站彻底扫除了障碍。对付这种黑客，几乎没有更好的办法。

四、通过电子邮件

电子邮件其实是一种很脆弱的通讯手段，一方面，它的安全性很差，传送的资料很有可能丢失或者被中途拦截；另一方面，特洛伊木马等黑客程序大都通过电子邮件这个途径进驻用户的机器。

电子邮件恰恰是网络上用得最多的东西，而邮件服务器就成了黑客们攻击的对象。防范这些黑客，可以采用邮件服务器专设专用，不与内部局域网发生关系；开启防火墙的邮件中转功能，让中转站过滤所有出入邮件等等措施。

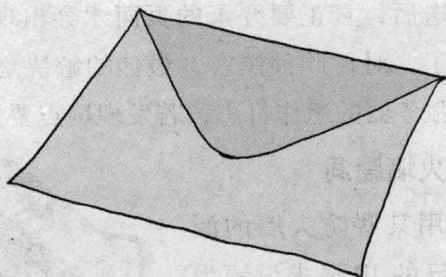

邮件发送中……

网络黑客的骗局有很多，骗子的花样可能也会层出不穷，对于我们学生来说，最主要的就是要保持冷静，保持自己健康的心理，不占便宜，同时不要轻信别人，也不要轻信网络上五花八门的宣传。

避免网络不良信息

随着互联网的迅猛发展，网络已经成为人们日常学习生活不可或缺的一部分。网络为人们提供了丰富的信息资源和广阔的学习空间，成为人们增长知识、开阔视野、休闲娱乐、互动交往、展示自我的重要平台。但是也有一些不法分子，利用网络进行违法犯罪活动，给广大网民带来财产损失和人身伤害。

互联网上的不良信息主要为诈骗、淫秽色情类，另外也涉及赌博、攻击党和政府、宣扬邪教等内容。青少年好奇心强，容易接受一些新观念，但又涉世不深，缺乏必要的辨别能力，容易受到各种不良信息的侵袭，走向违法犯罪。根据调查提出如下几点建议：

1. 树立正确的人生观价值观，提高思想觉悟，分清是非、对错和美丑。

2. 遵守社会公德、公民道德基本规范以及《全国青少年网络文明公约》，自觉规范个人网络行为。

3. 学习、掌握国家的法律法规，增强自身法制观念。

4. 加强道德修养，提高自律能力，抵制不良信息的消极影响。

5. 不要登录不良网站，要选择官方的、大型的、内容健康的网站。

6. 远离暴力、色情等内容不健康的信息与游戏。

7. 为个人电脑安装不良信息过滤软件，将不良信息拒之门外。

8. 丰富自己的课余生活，培养积极健康的爱好。

9. 在网上发现不良信息或收到垃圾邮件可向违法和不良信息举报中心举报，也可点击网站上设置的虚拟警察，向公安网监部门举报，共同维护健康的网络环境。

2006年7月15日，警方接到报案，三个蒙面歹徒盗走鞋厂仓库48双运动鞋。7月20日晚9时许，一村民驾驶摩托车经过偏僻处时，被三个身着迷彩服、头套布罩帽的蒙面持刀劫匪抢走摩托丰及随身携带的手机一部。7月23日凌晨，林某在某学校四楼校舍内遭遇两名蒙面持刀歹徒，被抢走诺基亚手机一部、现金90元和一张银行卡。8月2日凌晨，一群众在家中二楼卧室里遭到三个蒙面持刀歹徒抢劫，戴在脖子上的金项链被抢，手被砍伤……截至 2006 年 9 月上旬，警方接二连三地接到此类报案。

警方经过分析发现，近 10 起案件都是蒙面歹徒所为，装来都是身着迷彩服，头套市罩帽，手持自制钢刀、木棍、绳子等工具，年龄体态特征及作案手段均有相同点。

经侦破，作案人为当地某高校四名在校大学生。他们几个人嗜网如命，对玩暴力枪杀游戏情有独钟。他们模仿网络游戏里的暴力抢劫，身着迷彩服，头套布罩帽，手持自制钢刀、木棍及绳子等工具，在不到两个月的时间里，蒙面盗窃及入室抢劫作案近 10 起，涉案金额达 5 万元。

长期沉溺于网络游戏，受到某些不良信息影响，不仅给社会造成了危害，也断送了自己的前程，我们应坚决抵制并远离网络不良信息。

单元练习

一、填空题

1. 中小学生持用家长的信用卡时，应增强（　　）的意识。

2. 对于网上购物，首先应确定其（　　），应尽可能选择知名度较高的网站。

3. （　　）的出现拓展了人们的交往空间，也因此改变了某些人的交友方式。

4. 网络为人们提供了丰富的（　　）和广阔的（　　），成为人们（　　）、（　　）、（　　）、（　　）、（　　）的重要平台。

二、问答题

1. 网络短信诈骗有哪些方式？

2. 网络广告诈骗有哪些方式？

3. 如何避免网络黑客诈骗？

第四单元
网络犯罪的原因

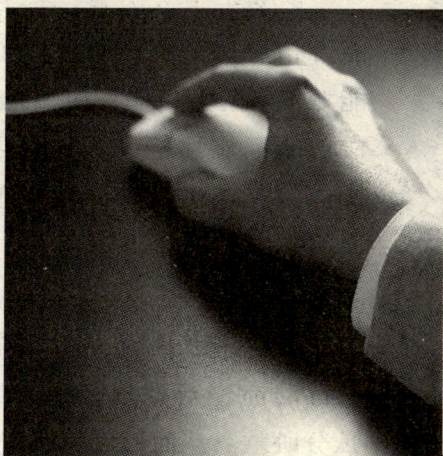

网络引发青少年犯罪的几个方面

一、网吧实施犯罪

此类犯罪的滋生地均为"网吧"，那些青少年犯罪分子利用在网上聊天的机会，有目的地询问网友的财产情况以及联系方式等。等待时机成熟，便以见面交友为由将网友约出来，然后实施诈骗，抢劫，强奸等犯罪活动。

二、络结伙作案

青少年个人力量，智力等能力相对比较弱，要凭借个人能力实施暴力犯罪，诈骗犯罪，成功的可能性不大。所以寻找伙伴，有组织，有计划，有预谋地实施犯罪是此类案件的显著特点。

几个或一伙青少年犯罪分子行动前进行计划、分工，相互配合，得手后按所起的作用大小瓜分赃款。从而形成获取信息，约见网友，实施骗抢，接应销赃一条龙的犯罪流程。

三、侵财犯罪

热衷于上网冲浪聊天的绝大部分是青年人，随身佩带手机、MP3 等时尚的、价值不菲的财物，互相攀比，是青少年人的一大特点。这些吸引了青少年犯罪分子贪婪的目光。所以，青少年犯罪分子就利用上网聊天时进行摸底试探，选定目标作案。

四、网络利用色相作案

一些青少年犯罪分子在网上通常使用极其诱惑的"女性网名"，寻找男性网友聊天。寻找到目标认为可以成为犯罪对象时，犯罪组织里的女性犯罪分子便"闪亮登场"以娇媚的语气电话约男网友到某地见面，进一步交流。男网友警惕性不高就信以为真。准时赴约，被犯罪团伙骗抢。

五、网吧而导致犯罪

部分青少年常常光顾网吧，上网聊天，在网上广交朋友，最后因无力支付上网费用而走上盗窃之路。此外由于网络色情、暴力内容的泛滥，加剧了青少年犯罪的状况，使犯罪种类、手段及后果不断变化。

20世纪80年代，青少年犯罪多表现为一般盗窃、打架斗殴、寻衅滋事等犯罪行为。到了21世纪，青少年犯罪向结伙抢劫、重大盗窃、杀人等方面发展，甚至出现持刀杀人、持械抢劫、报复放火等严重犯罪，犯罪性质明显恶化。

案例：2008年4月1日凌晨1时，金帝城网吧，四名犯罪嫌疑人持砍刀将张某头部和左腿砍伤，抢走手机一部，现金890元。

凌晨2时，党家庄村迪生网吧，某受害人被砍伤左背，抢走诺基亚手机一部，现金30元。

4月5日21时，南高基村金太阳网吧，萧某被人砍伤背部，抢走手机一部，现金60元，银行卡一张，并被逼说出银行密码。

4月7日凌晨1时30分，南高基化机桥附近，四名男子将陈某头部砍伤，右腿砍断，抢走手机一部，现金80元。

4月12日凌晨2时50分，三名20岁模样的男子手持黑色双刃长刀将正在上网的宋某和王某砍伤。

4月19日凌晨3时许，党家庄村附近某网吧内，三名犯罪嫌疑人手持大砍刀将三名男子砍伤，抢走两部手机、现金30余元后

迅速逃离现场，20 岁青年黎某送医院抢救无效死亡。事后得知黎某之所以成为"刀下鬼"，是因为一瓶价值 6 元钱的所谓高档饮料，被疑凶踩点时看作有钱人，而杀人者也只有 19 岁，砍人时无丝毫愧疚和惊慌，"就像喝一杯茶、去一趟厕所那样平常"。

4 月 25 日凌晨 2 时 50 分许，四名男子手持砍刀在高柱村一胡同内，将受害人连砍七刀后逃之夭夭。从当日 15 时到次日 8 时许，以赵继鹏为首的 8 名犯罪嫌疑人全部被成功抓获。那么，抢劫动机是什么呢？为什么要手持砍刀先将人砍伤后劫财呢？

原来，该团伙成员大多因与父母关系不好从家跑出来，终日沉迷上网，打网络游戏，长期吃住在网吧，相同的爱好和"遭遇"让他们成了好哥们儿。为了维持"生计"和支付高额网费，他们受网络游戏中厮杀场景的启发，萌生了抢劫生财之道。

8 人中的赵继鹏被尊"老大"，"老大"命令手下购买了砍刀、匕首等工具，每当他们"囊中羞涩"时，就会趁夜深人静溜出暂住地××网吧，先后共 40 多次持刀抢劫网吧上网者，然后用抢劫所得继续上网打游戏。

互联网对青少年心理形成的影响

一、性犯罪心理形成的影响

互联网色情信息的刺激和诱惑，容易导致青少年产生性罪错或性犯罪的病态心理。有关资料显示，目前互联网上大约有100万个黄色电脑软件，全球每天新增两万多个黄色网站。互联网上各种色情信息的泛滥，加上青少年生理、心理发育期的特殊情况，如果缺乏有力引导，很容易诱发青少年实施卖淫嫖娼、强奸等违法犯罪行为。

二、暴力犯罪心理形成的影响

互联网上的暴力内容，特别是网络暴力游戏，容易使青少年产生暴力犯罪心理。目前全国有4000万网络游戏玩家，其中25岁以下的用户超过80%。而带有暴力内容的游戏在青少年中不断升温，因迷恋网络游戏而导致的青少年暴力犯罪也不断增多，还有的利用网上论坛，结盟犯罪团伙。

三、诈骗犯罪心理形成的影响

互联网的虚拟性和隐蔽性，会直接导致青少年道德和法制观念的弱化，从而形成诈骗犯罪心理。如有的利用电子商务，进行网上诈骗。

1. 垃圾信息的泛滥造成青少年道德观念的偏离

网络仿佛是一个巨大的自由市场，存在着信息多方传递和良莠共存全息景观，它既向人们提供有益的学术、娱乐、经济等信息，同时也向人们提供一些无用、过时、粗糙、虚假或带有调侃、反动、迷信、暴力、凶杀等倾向的庸俗化和灰色化信息。

据有关专家调查，因特网上非学术性信息中，47％与色情有关。而且目前在网络上，形形色色的 X 级影片的音像剪辑镜头大肆流通，有许多专门提供色情服务的网站，如世界上著名的色情刊物《花花公子》，就以其合法的身份在美国进入互联网，更有一些人出于不良的目的将垃圾信息发送到他人信箱里。

青少年置身于网络中，犹如进入信息的海洋，各种各样的信息混杂在一起，一些自制力较弱的青少年往往会出于好奇或冲动心理，刻意地去寻找一些色情、暴力信息。

史密森学会博物馆是一个著名的博物馆，它在网络上开放了一个网址，一周的访问者不到 30 万人次，而《花花公子》的网址一周的访问者达到 470 万人次，是前者的 17 倍，而这其中，青年占相当大的。

此外，互联网上还存在许多有违道德规范的现象，如有人在网上释放病毒、向他人电子邮箱里投放"电子炸弹"，甚至利用黑客技术获取他人隐私，只有少部分人认为有必要在网络上遵守"诚实守信"这一社会公德。显然，这一切无疑会对他们现有的道德观念产生冲击，造成道德观念的偏离。

2. 特殊的网络信息传递方式容易诱发青少年的破坏欲，引发对社会规范的冲击。

由于网络环境具有隐蔽性，社会难以进行有效的监控，因而它给人们提供了逾越社会规范的机会空间，在其中，人们可以伸缩自如地张扬自我，不必担心受到舆论的谴责和法律的惩罚，这些就极易诱发那些自控力和责任感较弱的青少年产生破坏欲心理。

很多青少年在网上漫游，或好奇，或无聊，或想证明自己，或想发泄心理的不满，冲动地进行一些破坏性的操作。他们或在网上发布虚假信息，恶意中伤他人，或非法进入他人的网络系统，破坏他人的网络数据资料，非法使用他人的网络系统。

3. 网络影响青少年情感的健康发展，引发犯罪

网络容易令人孤独，青少年泡在网吧里，多数时间花在网上聊天或收发电子邮件上，参加日常社会交流的时间相对减少了，同亲友的交流也减少了，孤独感加剧，不利于青少年的健康发展。从情感角度讲，青少年处于情窦初期，对异性情感交往非常向往，网络给他们提供了一个能直抒胸臆的情感空间，因而有些人便把上网作为精神寄托或解脱。

有的玩网上感情游戏，处于多角恋爱的状态；有的可能在现实中遭受情感挫折后到网上寻求倾诉。这种半真半假，真真假假，亦真亦假的游戏只会导致青少年走向情感的误区，可以说，网络空间并不利于青少年的情感朝理性化，平稳化，积极化的方向发展。

涉世不深的青少年无法对网络成员进行正确的角色判断，当上当受骗时，就会产生不解，愤怒茫然等情绪，如果不加分析地把这种情绪带到更加复杂的现实社会中，则会使其对现实产生认

同危机，从而不能正常参与社会生活，甚至产生报复社会的心理，从而走上违法犯罪的道路。

4. 互联网的隐匿性直接导致青少年不道德行为和违法犯罪行为

在一人一机的环境下，青少年不需与其他人面对面地打交道，从而没有传统社会的熟人圈子去对人的行为进行约束。同时，网络技术使人们的身份可以变成电脑上的一串字符，任何人都可以随便用不同的名字、性别、年龄与人交流而不会被人察觉。

据统计，目前，计算机犯罪大约只有1%被发现，而且这1%中，只有4%会被指控。网上的不道德行为日益增多，根据2002年北京五所高校的一个调查，有12.5%的人曾经获得他人的邮件，有9.8%的人曾经查阅黄色图片或文字，98.6%的人曾经获得他人的私人信件，5.4%的人曾发布不健康的信息。

网络的隐蔽性特征使网上的犯罪层出不穷，侵犯知识产权、恶意制造计算机病毒、黑客入侵等案件逐年增多。近几年，美国黑客的非法入侵高达16万件，损失达80亿美元，而全球数字化犯罪所造成的损失更是巨大，共约150亿美元。

导致青少年沉迷网络的原因

首先，青少年有着天然的、自发的积极探索外部世界的心理倾向。面对新事物趋之若鹜。而上网聊天、交友、网恋则是青少年获得理解的一种途径。青少年的心理不成熟，对一些不健康的网站和游戏常常抱着好奇心看看，结果一发而不可收拾，沉溺于其中。

其次，在校青少年的学习压力大，精神长期紧张。在人际交往中经常出现阻碍与困惑。另外孩子和父母之间也常常缺乏交流。这些都导致青少年处于一种生理和心理苦恼期，长期受压抑需要一条途径加以宣泄。而上网无疑是较为方便的途径。

再次，我国目前性教育滞后，青少年生理上趋于成熟，性欲

望与日俱增，但性心理却极为不成熟，对性普遍存在神秘感。在这种心理驱使下，极易受不健康的网站和游戏的诱惑而不能自拔。

青少年沉溺于上网，尤其是黄色网站，危害极大。首先，会使他们迷失于虚拟世界，自我封闭，与现实世界产生隔阂，不愿与人面对面交往。久而久之，会影响青少年正常的认知、情感和心理定位。还可能导致其人格的分裂，不利于青少年健康人格和正确人生观的塑造。

迷恋网络还可能使青少年产生精神上瘾。一旦离开网络，便会产生精神阻碍和异常等心理问题和疾病。表现在日常生活和学习中，就是举止失常、神情恍惚、胡言乱语，性格愈加怪异。对此，要积极加以教育、引导。

怎样引导青少年正确对待网络

一、父母应积极与孩子进行平等的交流沟通，加强对孩子的精神关怀

家长应该积极与孩子进行平等的交流沟通去了解他们的内心世界，了解孩子所需所想给孩子以精神上的关怀、理解与安慰。如家长可经常与孩子聊孩子感兴趣的事情，共同参与孩子感兴趣的有意义的活动，尊重孩子的认知，满足孩子对精神之爱的需求，减少孩子上网的欲望。

二、积极采取措施转移孩子注意力，将青少年地求知欲引向正确的轨道

家长老师应设法引导青少年的求知方向。从青少年积极向上的心理特性出发，帮助其树立起远大的目标，培养其高尚的情操，加强其自控力。如学校经常性地开展各种文体活动，长期主办各种兴趣小组，针对学生的特长与兴趣，举办各种特色培训班，积极鼓励其参加社会实践活动和各种有益的夏令营等。有意识地将青少年的视线从网络上转移。

三、开展正常的性知识教育，消除青少年对性的神秘感和性苦闷

家长和老师可通过适当方式，对其进行一些性知识的教育讲

解。对于孩子在成长过程中出现的性生理现象和性困惑，切不可因觉得不便谈而敷衍了事。在性教育方面，学校应及时开设正式的性知识教育课，以消除青少年对性的神秘感和性苦闷。使青少年对性有个正确的认识，以消除其对黄色网站的热衷。

四、青少年应加强自身的心理品质与控制力

首先，青少年应树立一个坚定正确的奋斗目标，以此为动力培养自己的控制力与忍耐力。加强自身情操的陶冶，对一些生活中的困惑，积极与外部沟通，寻求父母老师朋友、范例等外部支持。

青少年如想上网，可有意识地转移目标，如找本书看看，参加一些自己热爱的活动。如不能立即戒掉网瘾的话，可逐步的减少上网的次数与时间。上网时，应有意识地克服自己的好奇心和欲望，避免上黄色网站。如自己难以控制自己，还可让家长参与进来监督自己。

五、家庭和学校应进行经常性沟通，建立起有效的监控系统，控制有上网瘾的孩子的作息时间。以此构建一个良好的外部小环境。

从心理学角度来说，外部环境对青少年的性格形成与发展有重大影响。而对于有上网瘾的青少年来说，（发达国家将每天上网四小时者称为染上网瘾）找心理医生是必不可少的。

网瘾对青少年的危害

一、网瘾对青少年生理的影响

青少年患上网瘾后，开始只是精神依赖，以后便发展为躯体依赖，长时间的沉迷于网络可导致情绪低落、视力下降、肩背肌肉劳损、睡眠节奏紊乱、食欲不振、消化不良、免疫功能下降。停止上网则出现失眠、头痛、注意力不集中、消化不良、恶心厌食、体重下降。

由于上网时间过长，大脑高度兴奋，导致一系列复杂的生理变化，尤其是植物神经功能紊乱，机体免疫功能降低，由此诱发心血管疾病、焦虑症、抑郁症等。

青少年正处在身体发育的关键时期，这些问题的出现都会对他们的身体健康和成长发育产生极大的影响。

二、网瘾对青少年心理的影响

长时间上网会使青少年迷恋于虚拟世界，导致自我封闭，与现实产生隔阂，不愿与人入行面对面交往，久而久之，必然会影响青少年正常的认知、情感和心理定位，甚至可能导致人格异化，不利于青少年健康人格和正确人生观的塑造。

患者一旦停止上网便会产生上网的强烈渴望，难以控制对上网的需要或

冲动，这种冲动会使其工作、学习时注意力不集中、不持久，记忆力减退；由于长期入行视觉形象思维，会导致逻辑思维活动迟钝，对日常工作、学习和生活兴趣减少，与现实疏远，为人意气消沉漠，缺乏时间感。因不能面对现实，会产生情绪低落、遇事悲看、态度消极等现象，会导致精神障碍、心理异常等问题和疾病，在日常生活、学习和工作中常常表现得举止失常、神情恍惚、胡言乱语、性格怪异。

三、网瘾对青少年道德的影响

网上的世界既是现实世界的延伸、又是现实世界扭曲的表现。现实中的事物，在网上容易被夸大，甚至会变为相反的东西，这就容易使青少年产生角色混乱。

网络是一个"身份丧失"的地方，在网上你不仅可以匿名，而且还可以隐藏性别、年龄、种族和社会地位，面对这样的一个虚拟世界，稍不留神就会迷失方向。网络里充斥有关色情、暴力、赌博、迷信等不健康的东西，容易刺激青少年的感观，产生诱惑。对涉世未深的青少年，本来就缺乏判断力和识别力，加之缺乏道德自律，现实中的世界都容易使他们感到迷茫，更何况是没有坐标的虚拟网络世界，这无疑对他们健康的社会性发展是一个严峻的挑战。

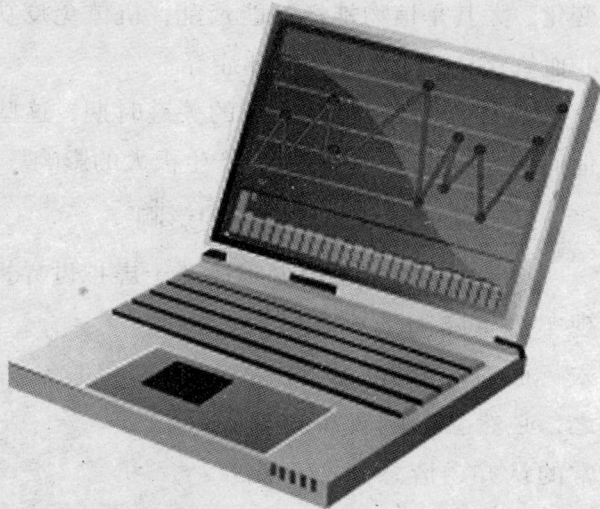

网络游戏大多以"攻击、战斗、竞争"为主要成分，长期玩飙车、砍杀、爆破、枪战等游戏，火爆刺激的内容和场面容易使游戏者模糊道德认识，淡化虚拟游戏与现实生活的差异，误认为这种通过伤害他人而达成目的的方式是合理的。一旦形成了这种错误观点，便会不择手段地去欺诈、偷盗，甚至对他人施暴。

目前，因为玩电子游戏而引发青少年道德失范、行为越轨，甚至走上违法犯罪道路的例子很多。所以，网络里虚拟的东西和不健康的内容一旦让青少年产生了依赖，沉溺于其中，必然会阻碍其建立正确的认知和健全人格的形成。

四、网瘾对青少年行为的影响

网络成瘾的青少年最为直接的危害是影响了正常的学习，使他们不能集中精力听课，不能按时完成作业，成绩下滑，丧失学习的信心和兴趣，甚至会发展到逃课、辍学。网络中各种不健康的内容，也可造成青少年自我过分放纵，使法律及道德观念淡薄，人生观、价值观扭曲。

患有网瘾的青少年，为了能上网，他们不惜用掉自己的学费、生活费，不惜丧失自己的人格和自尊向人乞讨，在外借钱，在家欺骗父母，甚至会发展到偷窃、抢劫，最后走上违法犯罪的道路。

网络成瘾的本质特征

1. 耐受性增强，即上瘾者要不断增加上网的时间才能获得和以往一样的满足。

2. 出现戒断症状，如果一段时间（从几小时到几天不等）不上网，就会变得焦躁不安，不可抑制地想上网，时刻担心自己错过什么。

3. 上网频率总是比事先计划的要高，上网时间总是比事先计划的要长。

4. 企图缩短上网时间的努力总是以失败而告终。

5. 花费大量时间在与互联网有关的活动上，比如安装新软件、整理和编辑下载大量的文件等。

6. 上网使其社交、学习、工作等社会功能受到严重影响。

7. 虽然能意识到上网带来的严重问题，仍然继续花大量时间上网。如果 3 项或 3 项以上符合上述特征，那就属于网瘾综合症。

网络成瘾综合症诊断标准

1. 对网络有一种心理的依赖感，不断增加上网时间。

2. 从上网中获得愉快和满足，下网后则感到不安焦躁。

3. 以上网来逃避现实烦恼。

4. 否认过度上网有害。

5. 每周上网至少5天，每次至少4小时。一个人的上网行为，符合其中的任何三项，即可以判定为网络成瘾综合症。

避免青少年网络成瘾的措施

　　世界卫生组织对疾病进行过定义，定义疾病，必须注意到三个要素：疾病是病人所处的一种具有不利结果的、具有危险性增加的状态。对疾病的治疗就是阻止和缓解这种不利的结果。这一定义最关键的要素是"危险性"。根据这样的定义，结合青少年网络成瘾的特征和危害，我们可以把它叫做"病"。矫正青少年网络成瘾综合症，就和治疗其他的疾病一样，关键是要消除它的危害。

　　对于青少年网络成瘾的矫正，我们必须预设两条原则：一切矫正活动，必须要有利于青少年的成长；任何矫正措施，不能停留在禁止上网，而必须指导青少年正确地使用网络资源。这是两个基本原则。

　　第一步，远离网络世界。网络成瘾的一个特征就是患者不能自主控制自己的上网行为，也就是说，自己能够意识到网瘾的危害，也希望减少上网时间，但是又无法控制自己的上网行为。为了帮助他们从网瘾之中走出来，最有效的办法就是远离网络世界，把他与网络世界彻底隔离开来。强制隔离，可能不是最好的戒除方法，但是肯定是最有效的。

　　没有网络的时代，不存在网瘾的问题；没有网络的地方，也不可能存在网络成瘾现象。当然，戒断网瘾与不能上网不是一回事。有人通过在 SARS 期间政府强制关闭网吧对不同成瘾程度患者戒除网瘾的效果研究，发现强制阻断对于网瘾患者矫正有一定

效果。其中对于轻度网瘾患者效果比较好，中度次之，重者效果相对有限。这至少表明，对于网络成瘾程度较轻的患者，完全可以采用强制隔离的方式戒除网瘾。但这也同时告诉我们，不能完全依赖强制隔离来疗效中度和重度网瘾患者。

第二步，加强体能训练，培养自控能力。网络被家长视为"洪水""猛兽"，无外乎是因为网络影响到孩子与外部世界的交流沟通，阻碍了孩子的社会化进程，扭曲了孩子的价值观、世界观，甚至会诱发各种犯罪活动。在网络出现之前，电子游戏机、黄色书刊同样因影响到青少年的健康成长而三番五次地遭到取缔，查封。

但网络不可与以上二者相提并论，网络是文化发展到一定阶段的必然产物。我们在看到网络"弊"的同时，也应清醒地认识到网络的"利"，任何事物都有两面性，网络也如此。我们不能简单地拒绝网络，封杀网络，这种短视行为无异于"因噎废食"。

现今的孩子都是独生子女，自小家庭条件优越，缺少磨炼，不具备坚韧的意志力，难以抵挡外界事物的诱惑。这也是为什么网瘾是一个世界性的问题，而中国网瘾问题尤为突出。

加强体能训练，磨炼学生意志，增强自控能力是戒除网瘾的关键因素之一，体能训练可以强身健体，也可以锤炼一个人坚强

的意志，在体能训练过程中与他人一起，还可以培养团队合作精神，激发奋发向上的斗志。庐山择差助优教育训练中心在此方面做出了许多有益的尝试，之前我们分析过，心理依赖感、满足感、不上网情绪烦躁不安这是"网络成瘾者"的表象，如同吸食了"精神鸦片"。其实质是一种中毒，麻醉"成瘾者"中枢神经的具体表现，神经官能正逐步退化；令人担忧。

为了从生理上达到控制"网瘾"的目的，教育训练中心根据医学专家建议并结合本中心的训练理念、手法，从运动医学的角度研究开发了平托掌（训练学生注意力集中、控制手臂肌肉群的协调能力）、慢下蹲（增强大脑的中枢神经控制力）、蛙跳（增强意志力）等多种有效的体能训练项目，并结合艰苦的行军活动，对于培养学生的自控能力确实能起到积极的作用。

第三步，转移兴趣。对中度和重度的"成瘾者"而言，单纯的强制性措施对戒除他们的网瘾的有效性相对有限，要更好地戒除网瘾，应从"成瘾者"自身入手，在脱瘾治疗后进行心理康复治疗，才能摆脱对网络的心理依赖，最终戒除网瘾。心理康复不管用什么方法，最终就是要把患者的注意力从虚拟世界转移到现实世界中来，青少年之所以迷恋网络，很大的原因是因为他们通过网络得到了现实中得不到的满足。选择心理康复治疗方式，一定要青少年感兴趣，足够把他们拉回到现实中来，并且有利于青少年健康成长的活动。

体育是培养合格公民的最好途径，也是转移"成瘾者"注意力的最好方式。体育活动中，充满了乐趣，这些都有利于青少年的成长。集体组织孩子打球、游泳、户外活动，既有利于孩子的健康成长，又能使孩子们发现生活中的乐趣，从而淡化对网络特别是网络游戏的依赖。

除了体育活动之外，益智的棋类，音乐等都是可以转移"成瘾者"注意力。家长和老师不仅要培养孩子一个方面的兴趣，更要培养多方面的兴趣，充分地让"成瘾者"感觉到"网络之外天地宽"。

第四步，沟通交流。戒除网瘾，但不是要戒除网。网络已经成为我们生活和工作的必需品，想躲终究是躲不开。在这一阶段我们要有意识地给孩子布置一些任务、指导孩子利用网络的帮助来完成任务。使孩子树立一个基本观点，就是网络是工具，可以帮助我们做很多的工作，而不仅仅是用来娱乐。一开始对其上网时间要"管理"，以完成任务为限度。慢慢地，任务越来越复杂，给他们上网的时间要适当延长。

根据中国青少年网络协会对青少年网瘾的调查，网瘾少年上网目的往往比较单调，一般都是游戏或聊天。我们家长，老师要指导孩子充分利用网络资源，逐步使上网内容丰富起来。让他们体会到网络不等于游戏，网络不都是娱乐。网络存在丰富的资源，等待我们去开采。丰富的目的可以避免痴迷于某一种上网目的之上。

青少年网瘾如何戒除

一、正视危害

沉迷于上网，尤其是沉迷于黄色网站，危害极大。它会使人迷失于虚拟世界，自我封闭，与现实世界产生隔阂，严重影响学习，甚至中断学业。久而久之，还会影响正常认知、情感和心理定位，导致人格的偏离，甚至发生意想不到的可怕后果。有的因上网成瘾，神情恍惚，人格扭曲，无心读书，中途辍学；有的无钱上网，拦路抢劫，偷窃财物，导致违法犯罪；还有的连续几天几夜泡在"网吧"，不思食寝，过度疲劳，猝死在"网吧"。即使上网没有成瘾的人，如果每天 12 个小时坐在电脑面前，很可能会让自己少活 10 年以上时间。

二、以新代旧

在戒除某种习惯时，这种习惯仍有很大的诱惑力，这是正常的心理现象。有心理学家把这种情况比喻为冲浪者所面对的阵阵波浪。这种诱惑的"波浪"虽然会出现，但在 3 ~ 10 分钟内就会自行消退。在"波浪"来时，可事前考虑如何运用"冲浪技巧"。

在戒掉"网瘾"的一段时间内，个人的情感需要并未结束。此时，需要用一种新行为、新习惯来替代老习惯所产生的满足感。对于上网成瘾或者是正在戒网瘾的青少年，要注意培养新的爱好

和习惯，要多参加一些自己喜欢的活动，多做一些自己感兴趣的事情，用自己的新行为和新习惯来代替上网习惯，冲破网瘾诱惑的阵阵波浪。

三、科学安排

发达国家将每天上网超过 4 小时，称为网瘾，预防或戒除网瘾，很重要在于自己能科学合理安排上网时间和内容，尤其要为自己约法三章：一是控制上网时间。每周最多 2～3 次，每次上网的时间一般不超过 2 小时，且连续操作 1 小时后应休息 15 分钟。尤其是夜晚上网时间不能过长，就寝前一定要提前回到宿舍，按时睡觉；二是限制上网内容。每次上网前，一定先明确上网的任务和目标，把要完成的具体任务和内容列在纸上，爱需点击，不迷恋网上游戏，坚决不上黄色网站；三是准时下网。上网之前，根据任务量限定上网时间，时间一到，马上下网，不找任何借口，不原谅自己，不宽容自己。

四、请人监督

戒除"网瘾"，寻求别人的支持和帮助非常必要，最好的办法是找到一个人帮助你克服这个问题。这种支持可来自同学、老师、朋友和家庭，可先向他们讲明自己控制上网的计划，请他们监督，当"网瘾"出现时，请他们及时提示，帮助克服。

平时的活动，要多与学习好的同学在一起，与他们一起上课、一起自习、一起交流，在他们的带动和帮助下，有助于你淡化网瘾，把精力集中到学习上。当你取得一点小成功时，比如已经按计划实行一周，不妨对自己进行奖励或暗示，学会为自己加油。

五、预防为主

对于每个人来说，特别是青少年，一旦患上网络成瘾症，要戒除是会很困难。因此，预防是治疗上网成瘾的最好良方。

一是提前打好"预防疫苗"。社会、学校和家长都要通过各种宣传途径，使青少年看到上网好处的同时，也要看到可能带来的危害；采取各种有效的方法，坚决杜绝青少年上黄色网站，控制不玩或少玩网络游戏。

二是丰富日常生活。平时积极参加社会、学校等方面举办的各种有益活动，注意培养自己良好的兴趣、爱好；多与家长、老师和同学交往沟通，获得心灵上的慰藉与成长。

三是及时遏制上网有瘾的苗头。当你出现上网有瘾的苗头时，立即采取有效措施，及时控制自我，决不宽容自己，以防止上网成瘾症发生。

六、寻求帮助

当你自己无法解决上网成瘾问题时，一定要积极主动地寻求专业人员的帮助。

一是可以找心理咨询师进行个体咨询，心理咨询老师会帮助你走出上网成瘾的困惑。

二是可以参加团体心理训练，这是戒除网瘾的一种很有效的方法。团体训练是多种咨询理论的综合利用，通过丰富多彩的群体互动活动，对你产生感染、促进和推动作用，帮助你改变认知，改变心态，获得心理上的提升，同时学会制定自我管理的行为契约，根据目标行为完成与否进行正强化或负强化。

这种相互监督的契约是对各自上网态度与行为的承诺，由于这一承诺是在群体中做出的，那么遵守它的动机与压力就强多了。因此，参加团体心理训练对于预防或戒除网瘾会有显著的效果。

案例

案例一

　　15 岁的豆豆在父母的印象里，从小聪明又懂事，学习成绩也总在班里的前十名，外边人夸，家里人爱，他就是家里的希望和骄傲。而现在他变得暴躁敏感，开始和家长顶嘴，让父母伤透了心。

　　豆豆的变化缘于两年前的一个暑假，那天一个同学来找他玩，同学说带他去一个好玩的地方。于是豆豆随同学一起来到了一个小网吧，在那里他们玩起了一种叫《大话西游》的网络游戏。刚开始豆豆觉得没有多大意思，可是玩着玩着就陷了进去，觉得在生活中得不到的一些东西，在虚拟的世界中可以满足自己。

　　豆豆发现，在网络游戏中只要他愿意做什么都可以，比如他喜欢谁就可以和谁去结婚，不喜欢谁就可以把他杀掉，完全没有现实生活中的种种约束。在那个虚拟的世界中，豆豆扮演了一个披着一头长发，手持兵器，武艺高强的女子。她为所欲为，尽情地做着豆豆想做的一切事。很快地，豆豆就成了众多玩家中的高手。在游戏中他的等级也越来越高，他也从中获得了很大满足感。

　　豆豆到了中学以后，学习越来越紧张，要学的内容越来越多，

而且又让他觉得很枯燥，加上自己的自我约束能力又不是很强，豆豆感到压力越来越大，自信心也越来越不足，他常常为此感到苦恼。而网络游戏似乎把他从现实的困境中解救了出来，于是豆豆去网吧的次数越来越多，逗留的时间越来越长，从一天上网一两个小时逐渐发展到一天上网七八个小时。

自从迷上了网络游戏，豆豆也似乎变了一个人。自从玩了网络游戏以后，变的固执、脾气暴躁，不愿意和家长亲友多交谈、多沟通。以前豆豆的英语和数学成绩在班里数一数二，现在各门功课几乎都不及格。

聪明活泼的豆豆不见了，他开始说谎、逃课，学习成绩也一落千丈。豆豆的变化使得家人焦急万分。但是豆豆自己却说，他从来没考虑过家人，从来没考虑过学习，只是想就这样一天天混下去。豆豆觉得大人给他讲的都是大道理、空道理，至于自己的将来根本不愿意去想那么多。与此相反的，游戏却像魔鬼一样难以从他心里驱除，牢牢地控制着他，无论是上课还是回家，脑子里除了游戏还是游戏。

在一个周末，他趁机钻进了一家网吧，一头栽进了游戏世界，完全没有了时间概念。豆豆父母急得四处打听儿子的下落，可是直到凌晨3点多也没见豆豆回家。这次，豆豆整整玩了一夜。这个夜晚，他的家人也彻夜未眠。爸爸召集了亲朋好友，跑了几十个大大小小的网吧，却始终不见他的踪影，家里像塌了天一样哭成一片。

在面对家长的担忧时，豆豆说他总会给自己找种种借口，可以心安理得地上网，让心中的愧疚感不那么强烈。虽然内心也害

怕，也矛盾，但最终还是游戏战胜了理智。直到第二天，疲惫不堪的豆豆回到了家里，他看到的是一双双焦急的眼睛。爸爸妈妈的脸色极其难看，可并没有出现豆豆想象中的场面，父母对他仍然是好言相劝。豆豆妈妈甚至告诉他，如果实在控制不住了你可以在家玩，你每次在外面多呆一分钟，爸爸妈妈就揪着一分钟的心。而豆豆的父亲为了他，不知已经哭了多少次。

父母和老师一方面劝阻，另一方面加紧了对他的看管。中午老师不回家，陪他一起吃饭、做作业，下午放学时父母到学校接他回家，不给他上网吧的时机。可游戏的诱惑使豆豆聪明用尽，放学时看到爸爸在门口等他，他就从另一个门口溜出去，大网吧不让进就找规模小的。反正，他总能设法摆脱大人的视野，进入能让他尽兴的网吧。连豆豆自己都说，虽然心里很清楚这样做不对，但已经无法控制住自己的行为了。

豆豆的世界里只剩下了两个字：游戏。他所做的一切也是为了这两个字，包括学习也是为了换取玩游戏的时间和钱。为了游戏，他编造各种理由向家里人要钱，不给就找同学借，甚至偷偷拿父母的。2003 年的春节一放假，豆豆便一头扎进了网吧。3 天后，蓬头垢面虚弱不堪的豆豆才被快要发疯的家人找到。这次，父亲终于忍不住了，用皮带狠狠打了他一顿。

然而，父亲的痛打和母亲的眼泪仍然没能触动豆豆痴迷的心，他反而产生了严重的逆反心理。豆豆觉得，现实生活中没有人理解他，没有人接受他，所有的人都在和自己过不去，游戏成了他生活中的唯一。

从此以后，豆豆从心里抛开了亲情，彻底不想家里人的感受，他更是无所顾忌了，甚至连续五天五夜泡在网吧里。他说，那几天感觉是生活在人间炼狱，每天都没有喘息的时候，只有靠游戏来麻痹自己的神经。渐渐地，豆豆感到越来越苦闷，因为游戏，他拒绝了亲人，远离了朋友，学习成绩也在班里倒数。

不仅如此，他唯一的精神乐园网络游戏也并非净土。在游戏中，他常常无缘无故被别的玩家欺负，他信任的朋友也与他反目成仇。各种现实中存在的问题在游戏中又重复地发生了。

在现实中找不到依靠，在虚拟中也得不到解脱，豆豆承受着来自现实和虚拟世界的两种压力，双重痛苦，他感觉苦不堪言却又欲罢不能。

由于豆豆所在的学校是重点中学，而他所有的功课都不及格，并且他的行为也严重影响着班里的其他同学，豆豆成了不受欢迎的学生。在学校的再三要求下，父母将他转到了一所普通中学，可状况依然没有改变。2004年春节过后，无奈的父母做出了一个决定，将豆豆在家关一段时间，减少他和外界的接触。就这样，豆豆被关在了家里，完全切断了与网络游戏的联系，他感觉像火烧一样的难受，他发疯似的喊叫，踹门，那时候，豆豆觉得自己就是一头困兽。

在那些孤独而又备受煎熬的日子，仔细回味让自己失魂落魄的网络游戏，他觉得自己得到的只是虚无一片。

案例二

17 岁少年小新为了上网偷钱，竟然将奶奶当场砍死，爷爷被砍成重伤。事后，小新投案自首。

两年前，小新开始沉浸在网络里，学习成绩陡然下降。初中还没有毕业便辍学。因担心儿子整天沉迷于网吧，小新的妈妈让他照看家里的台球桌。小新把看台球桌挣的钱拿去上网。后来家里不再提供上网的钱，小新就想到了偷。今年 6 月上旬，小新偷了爸爸 2000 多元在网吧呆了一个星期。父亲的一顿打骂对小新来说已经起不到任何作用。仅仅几天后，上网的欲望又像虫子一样噬咬着他的心。此时，爸爸月初给奶奶生活费时说的一番话浮现出来。爸爸说爷爷那儿有 4000 多元钱，当时听了也没太注意，后来就想去偷爷爷的钱。6 月 15 日中午就去爷爷家，晚上，看爷爷奶奶都已经睡着了，就去翻，可怕把奶奶吵醒了，就想用菜刀把奶奶砍伤了再翻。"

睡梦中的奶奶倒在了血泊中，响声惊动了爷爷，不顾一切的小新又将菜刀砍向了他。爷爷受伤后逃出家门。小新翻箱倒柜也没有找到那 4000 元钱，只在奶奶兜里找到了两元钱。事后，小新的爷爷说，那是奶奶为孙子准备的早点钱。小新捏着两元钱在村口的一个洞里躲了起来。思来想去，还是投案自首了。

小新告诉媒体，奶奶从小最疼爱他，有什么好吃的都惦记着他。他在看守所里最想念的就是九泉之下的奶奶。"我当时只想着拿到钱后就去网吧，根本没想后果。如果让我在上网和奶奶之间

重新选择，我肯定选择奶奶。"

案例三

12月5日，小梁死于寝室床上，被发现时手脚已经僵硬。

小梁同学小李：他趴在床上，我们发现他身体已经僵硬了。我和另外一个同学爬上去想看一下他到底怎么了，当时基本已经确定了死亡，因为心跳脉搏都没了。

小梁10月份刚刚过完20岁生日。在死之前连续打了四个通宵的《魔兽争霸》。

小梁室友小罗：他星期二休息了一晚上，然后星期三、星期四、星期五接着玩，星期六早上就出事了。

记者：它的吸引力在哪儿呢？

小梁室友小罗：它里面有艺术的操作，几个人物用鼠标、键盘操作互打，血量少的人被追杀，你的同伴支援你，反过来又把他杀了，比较刺激、有意思。

小梁从高中开始沉迷网游，为此高考考了两次才勉强过关，而继续沉迷的小梁一学年下来竟有7门科目不及格。

案例四

2004年12月27日，是张潇艺父母永远心痛的日子。这对中年丧子的夫妇，至今还不能走出悲伤的阴影。那天早晨，儿子是6：30去学校上课的。到7：00刚过不久，夫妇俩也像往常一样准备上班。就在这时候，警察却找上门来，带来了儿子的死讯。如遭霹雳的夫妇俩怎么也不相信这是真的。而警察再次郑重地告诉

他们，13 岁的张潇艺从 24 楼顶层跳楼身亡。当时他们就懵了、哭了。张潇艺家就居住在这一栋有着 24 层高的塔楼里，但他们无论如何也不能相信，半小时前走出家门还活蹦乱跳的孩子，怎么转眼间就不在了。

从电梯监控录像中，我们看到张潇艺早晨离家后的画面资料是这样的：6：56 张潇艺走进了电梯，但他没像往常一样往下走，而是直接按了 24 层。当电梯到达顶层时，张潇艺似乎有片刻犹豫，随后就低下头走出了电梯。此后就是闪白的空镜。

这最后犹豫的瞬间，表明张潇艺是留恋这个世界的，那究竟是什么力量促使他走出电梯，然后从这最高层坠落下去的呢？警方从顶楼平台上仔细搜索，并没有发现任何他杀的迹象。倒是发现了张潇艺自己留下的 4 封遗书。而令人费解的是，这 4 封遗书没有一封是写给父母的，遗书中谈到的大部分是游戏，关于父母，关于他周围真实世界里的事情，几乎一点都没写。

他提及的是些奇怪的名字，比如写道："我崇拜的是 SHE 守望者。他们让我感受到了一种快乐的感觉。"还写道："我有三个知心朋友：大地安、泰蓝德和复仇天神。"这些是张潇艺生前最喜欢玩的一款网络游戏，名叫《魔兽争霸》，是最近刚推出的 3D 效果非常强的游戏，一般玩的人很容易上手，也很容易入迷。而张潇艺提到的那些奇怪的名字，就是这游戏中的角色。

在张潇艺的遗物中，父母又有了非常惊奇的发现，在学校语文写作很一般的儿子，居然写了一部根据网络游戏《魔兽争霸》改写的小说《守望者传》。小说并没有完成，却写满了 7 个笔记

本，大约 8 万字，以流利的文笔，描写了一个并不存在的虚拟世界……其故事情节和人物与《魔兽争霸》如出一辙。

张潇艺在其中扮演的角色，就是他所崇拜的大英雄 SHE 守望者。他很满足在那个虚拟世界里，成为一个无所不能、无往不胜的大英雄。而在遗书中，张潇艺又恰恰写出了自己的极端消沉与自卑。他在遗书中有这样一段话："我是个没用的垃圾，光会让他们失望，立下的誓言许多都完不成，来世如果我还是人，我一定会是最好的孩子……"看起来，张潇艺对自己很失望，他提到的许多誓言都完不成。那么，他都立下了哪些誓言？是谁让他立下这些誓言？又是谁逼着他完不成誓言就要从自己居住的 24 层跳楼去死呢？

特别是网络笔记，完全不像是一个初中孩子写出来的。可能他父母或其他外界的人，只看到这孩子写的是打打杀杀，其实不完全是。他写了自己对这个世界的感觉。他描写了大家相互间应该怎么去团结，去进行下一个战略。然后，每一个战略大家应该怎么去做。他写的这些东西，就好像他是这个世界的主导者，他想让世界按照他想要的样子去发展。我们不明白这么一个 13 岁的孩子，怎么会把一个并不存在的虚幻世界写得那么清楚而生动逼真，实际上他每天玩这个游戏，每天都在感受他的世界。他个人的精神生活已完全与他虚拟出来的世界融在一起了，甚至离开网吧、离开电脑时，他脑子里也全是这些东西，他每天生活在虚拟的世界里。

在张潇艺最后背着书包上学前的一天，他又和另一个同学一

起泡在网吧。当时他父母到处找，没找到他上网的点。而另一个同学的家长找到了自家孩子，也把张潇艺给送回家来。父亲看到他的时候，他已在网吧待了 36 个小时，特别疲惫。

父亲说，当时特别想打他，但看到孩子差不多两天没吃饭了，脸特别黄，睡眼朦胧的样子。然后背着一个书包，疲惫地站在那里，心里说不出是什么滋味，也就不忍心再打他了。随后，张潇艺的父亲叮嘱儿子赶紧洗一洗身，然后一起去外面吃饭。饭前，儿子说要写作业，看他站在那儿写作业，父亲很奇怪，说你写作业干嘛不好好写，要站在那儿写呢？儿子说不行，我如果坐着写作业的话，肯定就睡着了。

张潇艺从小学到初中的整个阶段，他的学习成绩一直非常好。进初中以后，老师也挺喜欢他。但自从迷恋上网络游戏后，他就不断逃课。背着父母和老师，经常去网吧上网。当父母和老师发现张潇艺的变化后，也一而再再而三地说他，却没什么效果。他也不断认错，不断向父亲承诺说，我要改正，而且还写下承诺书，觉得自己做了不该做的事情。但网络游戏太让他入迷了，他完全泡在网吧里已经欲罢不能了。

浙江有一个孩子，比张潇艺泡网时间还长。

他迷恋网络游戏已经 3 年多，完全辍学。十天十夜泡在网吧里，吃住全在里面。当妈妈找遍整个城之后，终于在一个网吧找到他，并在他后面站了两个小时，他竟然完全不知道。妈妈把他带回家，做好饭菜让他吃，他感到非常内疚，哭着说一定要改正，

然后写保证书，写完不出三天，又跑网吧里去了。他爸爸妈妈又开始满城去找他。

网络成瘾的人，在某种程度上是一种新型的毒品成瘾。在这些人的内心深处，觉得自己在现实的真实世界里，是缺少快乐、缺失成就感、缺少爱和关注的，他们压抑了许多的不满、郁闷和愤怒，又不能够到现实世界里去宣泄。于是，就要找到一个宣泄口，网络就是可以让他们的压抑得到宣泄的途径之一。

他们发现在网络上找到了在现实中所没有的好感觉，这些好的感觉又强化他们与现实世界的疏离。这就是好多网迷们为什么不吃、不喝、不睡，日日夜夜泡在网吧里过着折磨人的生活而不知其苦，反而自得其乐的社会原因。而像张潇艺这样一个从学习成绩很好的学生，变成了沉迷于网络游戏而无法自拔，最终走向死亡，他到底在现实中缺失了什么？又从网络中得到了什么？似乎已无从考证。

其实，张潇艺的父亲在发现孩子上网后，也做了很多努力，来引开孩子的注意力。比如，他知道儿子爱打篮球，有一阵天天陪孩子一起打篮球；儿子爱唱歌，他也在家陪着孩子唱歌。而且，当他看到孩子一而再再而三戒不了网瘾时，也找了专家准备带孩子去求助。遗憾的是，还没实施这一步。

大多数家长也和张潇艺的父母一样，心里着急却束手无策。因为家长们对游戏不熟悉，所以没办法去了解，也找不到与孩子沟通的适当方式，更缺少对孩子内心世界的了解，对他们成长过程中种种生理和心理变化带来生活上的影响不能很

好把握，管教就难免失当。比如，家长往往看不到孩子精神健康亮出警告的红灯。其实，我们判断一个人精神健康的水平，就看他是否有很好的现实感，是否与现实有很好的接触。也就是说，如果一个人脱离现实，每天生活在自己想象的世界里，经常幻想着他的生活，他的精神健康就亮起了红灯。

在数量非常多的青少年沉迷于网络游戏的事实中，像张潇艺这样的人生悲剧可能是比较极端的个例。我们用理性思维和认知的评价模式来看，世上任何事物都有其两面性甚至多重性。网络本身是现代化的、便捷的信息交流和娱乐的一个手段，不否认它有积极的功能，但心理健康领域里有一个特别强调的词汇，就是度的概念，过犹不及。任何事情推到极端、极致，都将走向反面，所谓物极必反。比如看书、下棋，都有看书看成书呆子，下棋下疯了的人，网络游戏也一样。

有人说，平时压力过重，在游戏中能找到一种解脱，可以满足在现实世界享受不到的待遇。比如名誉、成就感、自由。像张潇艺这样十三四岁的孩子，本身就有逆反心理，不愿意与家长交流，与自己的同龄人交流，再加上教育方法有问题，比如家长或老师主动要与孩子说话，也就是你要好好学习，不能玩，让孩子感受不到情感上的交流与沟通，无论在家或在校，他（她）都体会不到某种亲情的、关注性的互动。就像一个蛋壳，把家长和孩子隔在两个世界了。

家长没兴趣去看蛋壳里面的世界，孩子也没兴趣到蛋壳外面

看看家长到底想什么。家长和我们周围人还有一个错觉，认为是网络把我们和孩子隔开的。实际上，应该看到是在我们和孩子之间，缺乏真情互动的基础上，他们才把自己关到"壳"里去的。有不少家长，前期忽略了很多自己的问题，到孩子真正出现问题时，没办法了，就想很多办法来补救。

其实孩子小时候，就对你这种方式很反感，比如孩子上网看了很有意思的东西，特别兴奋地过来说，爸爸妈妈，这东西特别好玩，而这时候如果家长特别不屑一顾，说哪儿好玩呀，走开走开，我还有很多工作，你自个儿玩去吧。那孩子兴奋的心情马上就给泼了凉水。显然，是你家长替他（她）把这个教育之门关上了，你把孩子推给了网络，推给了别的东西。那孩子一而再再而三来找你，你都说工作忙，你自己玩，那好，到第四次他（她）就不来找你了，直接去找网络，去找其他喜欢的东西了。等到你想把门打开时，这门已经关得很严了，没法打开了。

不可否认，张潇艺的爸爸是很爱孩子的，也做了很多工作，但孩子可能存在精神上某些缺陷。而这种缺陷，对于不是从事心理专业的父亲来说，是想扭转也扭转不了的。但即便如此，假如父亲在孩子很小的时候，就从繁忙的工作之余，开始对儿子更多关注，成为儿子特别亲密的朋友，他的某些精神缺陷也会在刚冒出头来时，就有所了解，可以采取针对性的措施，早发现，早处置，结果肯定要比现在理想。

所以，通过这个节目，我们很希望给家长们一些帮助，让我们知道去懂得孩子们的需要，尤其当孩子的精神健康已经发出红色信号，他（她）渴望与家长一起分享快乐、分担烦恼时，千万不要拒绝他，不管他（她）以什么方式，哪怕是以你父母最讨厌、最恨之入骨的网络游戏，他（她）要在这个世界中与你分享一些东西时，你也不要拒绝。家长不妨看看孩子蛋壳里的世界，才有可能将孩子带往最美好的现实世界。

案例五

建建从小生活在一个富裕的家庭，父亲和母亲都在外经商，建建初一是一个比较听话的孩子，在八年级上学期时，母亲发现自己的丈夫可能有外遇，就经常和孩子父亲发生争吵，而且还经常当着孩子的面大打出手。

建建因此放学后经常不愿意回家，因为每当回到家里，经常看到的是家里一片狼藉，母亲畏缩在沙发上哭泣，一见到建建就向他哭诉父亲的暴行。看到母亲身上多处的淤伤，使建建更加憎恨他的父亲。但是自己又无力去干涉父亲，当父亲对母亲使用暴行时他很想帮助母亲，但是没有办法与父亲抗衡。

长时间的恶性循环，使他产生了自卑和抑郁情绪，从而不愿意和任何人说话，同时上课也不能专心听讲，时常会回忆起母亲痛苦的表情，在这种恶劣的心情影响下，他的学习成绩一落千丈。在八年级的期末考试中，由原来的中等生下降到班级的倒数第二名。在放暑假期间，因不愿意看到父母的争吵，就经常和同学去网吧上网，并且经常借各种理由不回家在网吧包宿。等到假期结束后，建建重新回到课堂，但是再也不能专心听讲了，满脑子里全是网络世界里的情景。他已经得了重度网瘾。

最初是逃学，最后干脆就不上学了，每天都在网吧里上网。父母经常在网吧里找到他，强行把他带回家里，因为情绪激动，建建将家里的玻璃全都给砸了，无论是父亲的打骂，还是母亲的乞求，他都无动于衷。最后父母怕他在网吧里接触不良少年，只好给他专门买台电脑，同意他在家里上网。从此以后长达一年多的时间，一直在家里上网。

单元练习

一、填空题

1. 网络引发青少年犯罪的几个方面（　　　），（　　　），（　　　），（　　　），（　　　）。

2. 青少年患上网瘾后，开始只是精神依赖，以后便发展为躯体依赖，长时间的沉迷于网络可导致（　　　）、（　　　）、肩背肌肉劳损、睡眠节奏紊乱、（　　　）、消化不良、（　　　）。

3. 互联网的（　　　）和（　　　），会直接导致青少年道德和法制观念的弱化，从而形成诈骗犯罪心理。

4. 长时间上网会使青少年迷恋于虚拟世界，导致（　　　），与现实产生隔阂，不愿与人入行面对面交往，久而久之，必然会影响青少年正常的（　　　）、（　　　）和（　　　）。

二、问答题

1. 互联网对青少年心理形成的影响有哪些方面？

2. 如何引导青少年正确对待网络？

3. 网络成瘾综合症诊断标准有哪些？

4. 治疗青少年网络成瘾的步骤？

第五单元
预防电脑的危害

预防网络成瘾综合症

青少年的网络成瘾综合症是一种心理障碍，不仅不利于个体的健康发展，还成为一种日益严重的社会问题。它的形成既有网络传播特性的原因，也有个体自身人格缺陷和现实社会生活压力的原因。

网络是一把双刃剑，我们在享受它带来的便捷、高效的同时，也应充分认识到它的负面影响。目前全球 2 亿多网民中，约有1140 万人患有某种形式的网络心理障碍，约占网民人数的 6% 左右。这部分人在网上的冲浪体验中逐渐形成了一种对网络的心理依赖，随着每次上网时间的不断延长，这种依赖越来越强烈。这种不自主的强迫性现象已被称为"网络成瘾综合症"。

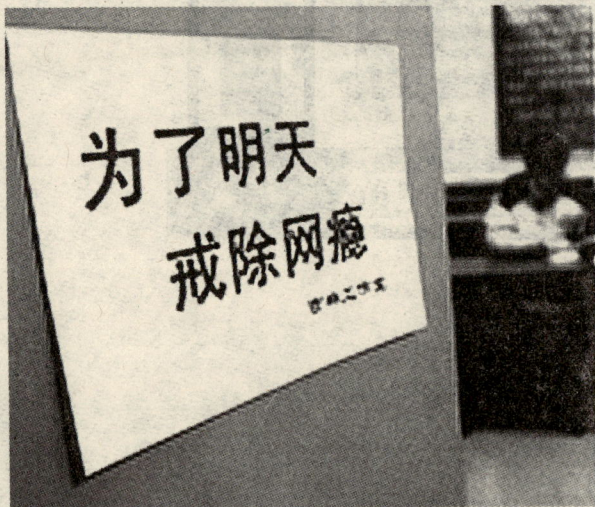

一、网络成瘾综合症的形成

"网络成瘾综合症"的主要表现，就是过分依赖网络，而失去对现实生活的兴趣。其最明显的症状有：在网络上使用时间失控，长时间使用网络以获得心理满足；为了达到自我满足，无法控制自行的上网行为，试图减少上网时间但难以自控；对家人和朋友隐瞒自己是"网虫"；有人因陷得太深而不能自拔，最终走上自杀的道路。

网络成瘾的原因是多方面的。网络传播的特点，使它比现实世界的人际传播更轻松。网络使用者的人格中有某些缺陷，使他们更易沉迷于网络。现实生活压力过大，导致一些人沉溺于网络，在虚拟空间里寻求安慰和减压。社会形态转型时期，生活中的未知变量太多，如工作上的失落、社会交往挫折、科技进步带来的伦理难题等，压力骤增。人们迫切需要一个宣泄减压的宽松环境。网络成瘾实际上是暴露了目前现实社会存在的问题，把网络成瘾的症结完全归于网络的使用者，是不够全面的。

那些内向敏感、现实人际交往困难的人，易沉迷于网络。例如一位女孩说："在网上，我会主动与我不认识的男孩说话，这在现实中几乎不可能。"所以，提高他们的现实交流沟通能力，重塑自信是摆脱"瘾症"的治本之途。

二、网络成瘾综合症的预防

首先必须合理安排时间，鼓励他们积极参加其他活动，多与人交往，注意与亲友、领导同事的关系；其次给予相应的现实生活方面的指导，如对人际沟通上有障碍的使用者，给予交流沟通技巧方面的指导，让其体验到真实人际交往的成功，从而帮助他们重建自信。总之，要让网络成瘾者融入、适应现实的社会生活。毕竟，人不能只活在电脑和网络的世界中，它们只是生活的一部分。

心理学家对网络使用者及其家属还提出以下建议以预防"网络成瘾综合症"的发生：

严格控制上网的时间，一天不宜超过 8 小时。

每天应抽出 2~3 小时与家人和同事进行现实交流。

一旦发现有"网络成瘾综合症"的各种症状出现，家属要强行限定患者上网的时间并积极寻求心理咨询和药物治疗。

预防网络病毒及安全

网络病毒通过计算机网络传播感染网络中的所有可执行文件。针对日益增多的网络犯罪，我们应该提高警惕，增强个人网络安全防范意识：

1. 学习、掌握必要的网络安全防范知识，增强网络安全防患意识。

2. 个人电脑要安装正版杀毒软件和防火墙，并及时升级。

3. 使用他人的文件要先杀毒，不要与人共享文件夹，这是很危险的传播途径。

4. 经常检查系统安全漏洞，及时给漏洞打上补丁。只从原厂官方网站上下载公布的补丁程序，切忌从其他来源下载补丁程序。

5. 不打开不明电子邮件；不登录淫秽、色情网站，不登录可疑网站，不要点击不明邮件中的链接。

6. 聊天信息中的链接，要先向好友确认，以防感染病毒。

7. 网上下载的文件经过杀毒扫描后再打开；双击附件前，用防毒软件扫描。

8. 将重要的文件和资料集中起来，伪装后加密保存。

9. 计算机操作过程中以及上网过程中产生的历史记录。Cookies 等要及时清理。

10. 网上个人密码的设置不要太过简单，并且要经常更换。

11. 不要随便在网上下载免费软件，可能会带有病毒或木马程序，如要下载尽量到官方网站下载；支持正版音乐，不随便下载 MP3。

12. 摄像头不用时最好断开与计算机的连接，计算机关掉后要断掉电源，以防被黑客或非法安装的自动程序打开。

13. 发现有"黑客"入侵或被远程控制应及时向公安机关报案。

14. 尽量避免使用"点对点"交换文件，这已成为病毒的目标，传播速度更加迅速。

15. 常用杀毒软件查杀病毒。

小真喜欢上网聊天，几乎天天都打开摄像头挂在网上。2006 年 11 月的一天，男友跑来告诉她，她换衣服的录像和照片被人公布在一个论坛上。男友和发布照片的人取得了联系，对方索要 600 元。

两天后，男友将 600 元人民币汇给发帖人。收到钱后，对方表示已把小真的裸照删除了。那个陌生人到底是如何获得这些录像和图片的呢？小真百思不得其解。是不是电脑被"黑客"远程控制了，对方偷偷拍下了她换衣服的视频。小真打开杀毒软件准

备查杀，桌面上却突然跳出一个小框框，上写："不要杀毒，杀毒就找不到我了，照片还在我手上！"由于害怕"黑客"会继续把自己的裸照乱贴，小真不敢轻举妄动。

小真平时使用电脑的时候，该"黑客"不时会跳出来，在她电脑上留下一两句话。一次，"黑客"还将她的裸照发给她的朋友。还有几次，她怎么也无法登录，"黑客"打了一句话说："不用费工夫了，我已经把密码给改了。"小真的裸照被挂在网上的事传出后，各种流言飞语纷纷袭来，小真的心灵受到极大的伤害。

2007 年 1 月 27 日，受"黑客"骚扰长达 3 个多月的小真，打电话到当地早报热线寻求帮助。记者建议她立刻报警。可小真心有疑虑，无法下定报警的决心。她重装了电脑，想挣脱"黑客"的魔爪。1 月 30 日，她重新申请了一个新的，废弃了原来的。没想到，她又接到一条信息："只要你给完剩下的几百元，我就把照片删了。"很明显，这信息又是那个"黑客"发过来的。小真被折磨得痛苦不堪，最后选择报警。

上网时，要保证所使用的计算机安装有升级过的杀毒及防火墙系统，并且经过检查确认计算机内不存在木马病毒，系统也不存在任何安全漏洞。要保管好个人的重要信息，可以加密的尽量加密后保存，有些资料最好不要直接保存在电脑里，可保存在专用的优盘或移动硬盘上。

预防网络暴力的毒害

青少年沉迷于网络暴力等不良网络活动，已成为日益突出的社会难题，诱发了大量未成年人犯罪案件，是当前未成年人犯罪预防的新课题。

网络暴力内容的泛滥，加剧了未成年人犯罪的状况，使犯罪种类、手段、后果不断变化。20世纪80年代，青少年犯罪多表现为一般盗窃、打架斗殴、寻衅滋事等犯罪行为。到90年代末，青少年犯罪向结伙抢劫、重大盗窃、杀人等方面发展，甚至出现持刀杀人、持械抢劫、报复放火等严重犯罪，犯罪性质明显恶化。

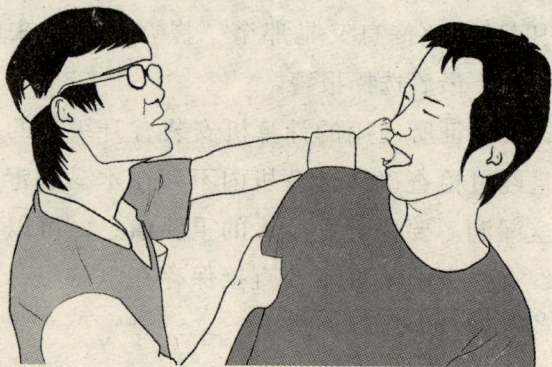

一、网络暴力的形成

由于未成年人长期玩飙车、砍杀、爆破、枪战等以"攻击、打斗、暴力、色情"为主要内容的暴力游戏，接触火爆刺激的内容，很容易使他们模糊道德认知，淡化游戏虚拟与现实生活的差异，误认为这种通过伤害他人而达到目的的方式是合理的。一旦形成这种错误观点，他们便会不择手段地模仿欺诈、偷盗，甚至模仿对他人施暴的行为，不但会在网上，甚至会在现实生活中发生。

此外，据犯罪心理学分析，少年性机能渐渐发育成熟，但往往性道德观念的形成却落后于性机能发育的成熟，色情文化的污染最容易使这个时期的少年放肆地追求性刺激，再加上少年本身喜欢模仿，好奇心强，易受暗示，在外界强烈刺激的作用下，很容易产生犯罪动机，从而走上违法犯罪的道路。

网上色情文化污染，是导致未成年人性犯罪的直接诱因。北京市未成年犯管教所关押的一名 15 岁的少年犯，因伙同另外两名少年轮奸少女，被依法判处重刑。追根溯源，是他 10 岁就开始看有色情内容的图书，看色情内容的音像制品已成为他的嗜好。

近年来，黑网吧等不适宜未成年人进入的场所，诱发了许多刑事案件，应引起我们的高度重视，有关部门应出台整顿、治理、监督网吧和电子游艺厅的严格管理条例，并制定有效的监督办法和惩罚措施，严令执行。

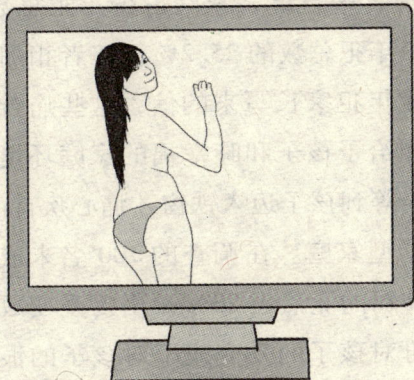

二、青少年痴迷网络的原因

家庭、学校、社会是未成年人成长影响因素的三个不同层面。每个"网络少年"从好奇到接触、沉迷网络色情暴力等不健康信

息，大都受到了不良家庭环境、学校教育环境及社会环境的影响。

不良的家庭环境，是未成年人走上犯罪道路的重要因素，是他们走进并沉迷网络色情暴力的首要原因。在被调查的 100 名未成年犯家庭中，家庭成员文化素质普遍较低。相应的是未成年犯本人文化程度也不高（其中小学 6 人，初中 76 人，高中 5 人，职高 13 人）。在这些家庭成员中曾被拘留、劳教、判刑的占 23%。我们分析，以下四种有缺陷的家庭环境容易导致未成年人陷入网络色情暴力中不能自拔：

第一种是溺爱型家庭。此类家庭在被调查者中占半数以上。家庭条件优越，对孩子过分溺爱，使他们从小养成了任性、自私、蛮横的个性，极易发展形成不良的偏好，使之逐渐滑向违法犯罪的偏激之路。

第二种是失和型家庭。在被调查的 100 名未成年犯中，父母离异的有 29%，继亲家庭 7%，合计 36%。与此相关，2003 年，海淀法院少年法庭受理的未成年刑事案件中，来自单亲家庭占少年犯总数的 26.4%，来自继亲家庭占少年犯总数的 6.3%，来自婚姻动荡家庭占少年犯总数的 25.2%，三者相加为 57.9%。我们经常读到一些未成年犯家长写来的信，这些痛苦不堪的父母追悔莫及，如果他们能给予孩子和睦幸福的家庭环境，教孩子从小心存善良，就绝不会等到孩子迈入铁窗才痛心疾首。

第三种是打骂型家庭。在调查的 100 名未成年犯中，家庭教育方式采取打骂体罚的竟然占 23%。由疼爱变成打骂好比一张纸的表和里，使父母对孩子的爱变成了对孩子的恨，可能造成孩子心理的畸形发展。从长远来看，对孩子健全人格的形成极为不利，往往会在孩子进入青春期后爆发出来。

第四种是放任型家庭。我国预防未成年人犯罪法规定：不得让不满 16 周岁的未成年人脱离监护单独居住。但是被调查的 100

名未成年犯中，脱离监护单独居住的占9%。大多数的少年虽与父母（或其中一方）共同生活，但父母对他们思想上的变化并不了解，有的家长对孩子只养不教，不依法履行监护职责，对不良行为视而不见，忽视和孩子心灵上的沟通与交流，缺乏家庭温暖的孩子们很容易被网络的花花世界所诱惑，最终蜕变为"问题少年"，被诱惑犯罪。

学校教育失衡是导致在校学生犯罪的客观原因之一，也是造成大量学生网民的重要原因。此次被调查的100名未成年犯中，在校学生占56%。此前，海淀法院2002年也做过一个统计，在校学生犯罪占未成年人犯罪总数的42%。

从某种意义来说，中、小学教育存在重智育轻德育、法制教育薄弱等问题，如有极个别学校及教师，对品行有缺点、学习成绩差的学生，采取歧视性措施，不尊重未成年学生受教育的权利，将有缺点的学生哄出校门。被逼到社会游荡的学生，只能把游戏厅、网吧、歌舞厅等场所作为最后的归宿。

某抢劫案的两个未成年犯，均16岁，是本市某职业高中一年级的学生。因不好好学习，功课经常不及格，以致影响班级的整体成绩，老师决定对他们进行罚款：主课不及格，罚人民币300元；副课不及格，罚款人民币200元。两人均有主课和副课不及格的课程，又不敢将此事告诉家长，他们思来想去，终于想出一个弄钱的办法，就是深夜到大宾馆附近去抢劫卖淫小姐。

他们第一次就抢得人民币数千元和一部手机，以后连续多次行抢，最终被判处有期徒刑。在被调查的100名未成年犯中，学习成绩优良的有 5 人，中等的有 21 人，成绩较差的是多数，有 74 人。问卷显示，当这些学生学习成绩不好或有违纪行为时，认为老师能够耐心教育的仅有 48 人，不管不问的 13 人，当众羞辱的 13 人，劝其退学的 26 人。

社会关注不够也是未成年人痴迷网络的原因之一。随着未成年人的生理及心理日趋早熟，而相应的基础教育却相对滞后，尤其是对未成年人性知识、人生价值观教育不够、不当，使未成年人总是充满性神秘感和对武侠英雄的盲目崇拜。网站经营者社会责任太弱，导致网络不良风气的蔓延，更使未成年人过早的陷入网络色情、暴力等不良信息所编织的无形陷阱中，迈出了违法犯罪前的第一步。

三、消除和抵御网络"毒品"

消除毒害未成年人的网络暴力，关系到国家的稳定和社会的长治久安，关系到千家万户的幸福和安宁，是预防未成年人犯罪的重要一环，需要举全社会之力，共同构筑未成年人的良好成长环境。

全社会应将青少年的网络权益保护纳入未成年人犯罪预防法律中，强调对未成年人的教育和保护，让家庭、学校和社会各自明确自己的职责和法律责任，共同预防和减少未成年人犯罪的发生。

将"未成年犯管教所"建成法制教育基地。将未成年犯管教所建成法制教育基地，有组织地让学生、家长、教师"走进来"，让未成年犯感觉到社会各界对他们的关爱，调动一切积极因素对少年犯进行教育，使其深刻认识犯罪行为给社会、给他人、给自己造成的危害，从而告别过去，走向新生。

净化社会环境，建立绿色网吧。应当强化《互联网上网服务营业场所管理条例》的落实，严格执行未成年人不得进入营业性

网吧，中小学校周围 200 米内不得设置网吧的规定。青少年上网吧进入不健康网站，一个很重要的原因是没有他们喜闻乐见的网站内容可以吸引他们，建议启用更多的绿色网站过滤那些不健康的内容，并在教育资源的软件开发上下工夫，将一些精彩的青少年电视节目搬到网上。在内容上留住青少年，比单纯的"堵"、"禁"更为治本。利用网络学习知识是一件好事，学校也应该提供更健康、更便利的网络环境，为青少年创建更多的、健康的绿色网吧。

改革教育方法，强化学校和教师预防未成年人犯罪的责任，抵制网络不良信息的侵蚀。改进教育质量评价制度，让所有的中小学校都将学校的法制教育成果与校长的工作业绩挂钩。强化教师的职业道德意识，鼓励教师关心和帮助"问题少年"，培养先进典型，开展正面宣传。让法律知识进课本，聘请法制校长。向未成年犯发放的 100 张问卷中，在"你对大家的忠告是什么？"这一问题上，绝大多数少年回答的是：学法知法，遵纪守法。

据管教人员介绍，绝大多数未成年犯是缘于法制观念淡薄而犯罪的，他们希望学校能设置法制教育课，将法律知识深入浅出融入课堂教学中，建立学分制，并对学生进行考核。

建议中小学校应当聘请法制工作者，担任学校专职或者兼职法制校长，并制定法制校长的职责，法制校长有责任将学校教育和社会法制教育结合起来，逐渐探索一条适合未成年人特点的法制教育制度。

建立全市统一的家长学校，强化父母对未成年子女的有效监护。父母必须有效承担起对子女的监护责任。对孩子的监护、教育，既要着重从生活上加强，也要根据孩子的个性、智力等不同情况，因人而异，有针对性地、科学地进行，要做到这一点，就离不开对孩子的深入观察和了解，对容易产生违法犯罪的问题予以有效地控制并及时消除，把问题消灭在萌芽状态，以求取得良好的监护效果。不能对子女放任不管，杜绝让未成年子女单独居住的现象。

现阶段未成年人的父母大都成长在文革时期，其对孩子的成长规律和科学教子的方法还跟不上，重智育、轻德育等问题还普遍存在。现在各地成立了各种家长学校，在普及家教经验方面取得了明显的成效，涌现出了许多教子成功的父母。

如何整合社会资源，联合各地的家长学校，在全市成立统一的家长学校（可设在市妇联），利用广播、电视等各种宣传媒体，开展系统化、制度化的家庭教育，根据孩子的生理、心理的成长规律，传授如何进行道德教育、情感教育、心理健康教育、法制教育等科学教子的经验。

预防网络色情的毒害

网络色情是通过网络传播色情毒害青少年的一种色情形式，与传统的色情制造、传播相比，网络色情相比具有如下一些特点：

一、网络色情的特点

1. 广泛性与集中性

在网络这个虚拟空间，储藏着大量的色情内容，既有文字的信息，也有图片信息。很多站点或网页可以说是图文并茂。各种色情站点或网页之间存在千丝万缕的联系，链接非常方便。在网络上要找到世界各国不同民族、不同语言的色情信息并不是难事。

2. 匿名性

网络的匿名性仅仅是相对而言的，实际上连接网络的任何一台计算机都可以通过 IP 地址找到使用者。只是实际做起来比较困难，因为要通过各种相关部门甚至跨国界的配合才可能成功。

在现实生活中，可能迫于道德或法律的威慑，一些人对色情内容或色情服务可能会有所顾忌。但网络的匿名性，使得一些网民尤其是青少年网民禁不住网络色情的诱惑，铤而走险，或者向他人提供色情服务，或者迫使他人为自己提供色情服务。网络的匿名性一方面为各种提供色情服务的个人或团伙提供了极大的便利，另一方面也为一些涉世不深的青少年网民提供了一幅面具，做出各种在现实生活中不可能做出的举动。可以说，正是网络的匿名

性使得网络色情得以像瘟疫般地得到繁衍、传播。

3. 开放性与互动性

网络是跨地域、国界的，不受时空阻隔。网络的互动性、参与性非常强。只要连接网络，就可以阅读到各种各样的色情文字、欣赏形形色色的色情图片、电影，参与各种怪异的性游戏。而这一切都可以是匿名的。网络的开放性与互动性意味着网络色情不再是一种单纯的性幻想，在很多方面与真实的性交往具有相似性。

4. 监管的困难性

互联网自诞生之初就缺乏一个强有力的机构对它所提供的信息进行有效的监督。加上由于各国文化、法律的差异，对色情内容的界定存在很大的不同，使得网络色情的监管非常困难。如在某个国家遭到禁止的色情信息依然可能通过其他国家的服务器或网络使这些色情信息流传到该国。可以不夸张地说，目前网络色情还处于放任自流的状态，监管起来还有很大的困难。

二、网络传播的方式

网络色情的传播方式多种多样。大致可以概括为六类：

1. 色情图片

这是网上最常见、也是最猖獗的色情传播方式。这些色情图片是网络上人们接触到的最多的、刺激最强的色情内容。一些青少年除正常的使用网络技术、信息外，一个主要的目的就是浏览这类色情图片。这类色情图片对人的感官刺激非常明显。

2. 色情文字

一些网站或网页以大量的露骨的性描述作为主要的内容。这些内容在成年人看来，都会眼红耳热。而且这类以色情文字为主要内容的网站，在设计网页方面非常老道，网站上的内容、文件下载起来非常方便。

3. 色情录像

随着多媒体尤其是视音频技术的发展，色情录像成为网络色

情传播的重要方式。这些色情录像以数字化压缩的方式将动态画面和声音以数百倍的效率压缩到很小的存储字节，可以方便地从网上直接在线播放或下载后以离线的方式播放。

4. 网上色情交流

这种网上色情交流对一些青少年可能更具有吸引力。主要在于这种交流具有很高的参与性、不可预知性及神秘性。网上色情交流的场所主要是以性爱话题为主的网上聊天室或新闻组。在国内很多的网站（包括一些个人网站），不管是有名还是无名的，都可以发现以性爱为主题的聊天室。所聊的内容充斥着性的挑逗与肮脏的性交易。

5. 网上色情广告

这种传播方式主要是通过网络推销色情产品。如各种与性生活有关的产品以及传统形式上的录像带、影碟、光盘等。目前国内一些网站就打着"健康"的旗号，在网站上兜售这类色情产品。

6. 色情电子邮件

一些色情图片、文字通过电子邮件的方式对用户进行侵入与骚扰。如果说前面五种传播方式是青少年自主行为的话，色情电子邮件则完全是网络色情制造者、传播者对网络用户的恶意侵害。

三、网络色情对青少年的危害

上述网络色情对青少年的危害具体表现在以下方面：

1. 影响青少年网民的学业或工作

迷恋网络色情对青少年最直接、最明显的影响是荒废他们正常的学业或工作。根据中国互联网信息中心的调查，网络用户平均每周上网时间达到 8.5 小时。个人的精力、时间是有限的，把大量的精力、时间浪费在网络聊天室必然会影响青少年的学业或工作。

2. 扭曲青少年的身心健康甚至走向性犯罪

网络色情提供大量的色情图片与文字，而其中的很多图片与文字宣扬的是各种畸形的性行为如性变态、同性恋、恋童癖、乱伦等。不论是青少年主动寻求还是被动接受这类信息，对他们形成正确的性观念、性行为都会产生冲击。

更为严重的是，一些打着"健康"旗号的网站传授的所谓"性知识"错误百处，根本就不具有科学性与严谨性。长期接受这些畸形的、错误的信息对青少年的身心健康的塑造、发展会产生破坏性的影响。

一些自制力差、意志薄弱的青少年禁不住诱惑，铤而走险，从此走向性犯罪的深渊。媒体已披露过多起青少年学生因长期迷恋网络色情而不能自拔，最终走向性犯罪的案例。

3. 危及青少年的人身安全甚至性命

一些有组织的色情制造、传播者利用网络聊天室诱骗青少年提供各种有偿的性服务（为别人或为自己），不仅是明目张胆的犯罪，对青少年的人身安全甚至是性命构成了直接的威胁。在南方某省就发生一起犯罪团伙利用网络聊天室诱骗女性青少年卖淫的恶性事件。而一些个人犯罪分子则利用聊天室与青少年网友进行"网恋"、"网婚"，时机成熟时约请见面。网络色情对执迷不悟的青少年的人身安全构成了直接的威胁，一些青少年甚至付出了生命的代价。

网恋

四、网络色情的预防

那么，青少年应该怎样防范网络色情的毒害呢？我们认为，整个社会应该共同行动起来，旗帜鲜明地对网络色情进行坚决的打击与取缔。具体做法如下：

1. 政府职能部门要加强对网络色情的监督与打击的力度

与对传统的纸质、音像方面的色情制品的打击相比，政府职能部门对网络色情的打击力度明显不足。这种情况，一方面与政府职能部门对网络色情危害性的认识不足有关，另一方面也与前面提到的网络监管困难有关。政府职能部门一定要把监督与打击网络色情作为一项长期的工作来抓，对色情制造、传播团伙及个人进行严厉的惩罚。

2. 整个社会必须联合起来，共同打击网络色情

打击网络色情绝不仅仅是政府职能部门与法律的事情，它和每一个人都息息相关。网络色情的跨时空特点可能使得各级政府职能部门顾此失彼，穷于应付。

因此，要发挥整个社会的力量，尤其是依靠广大网民的力量。政府职能部门可以设置各种举报电话或网站，方便网民对色情网站或网页进行举报。对举报的色情网站或网页给予坚决的封堵、查处，对经营色情网站或网页的团伙或个人进行坚决的打击。

总之，整个社会都应该高度重视网络色情的严重危害性，建立多渠道的网络犯罪报案系统，完善网络行为的监管机制，营造一个使网络色情无处容身的健康的网络世界。

3.青少年网民应自觉抵制网络色情的诱惑

网络色情的制造者、传播者固然可恶，应受到严厉惩罚，但众多网民尤其是青少年网民对网络色情信息、色情服务的狂热追逐就说明了青少年网民自身素质低下了。

2001年11月22日团中央、教育部等单位联合向社会发布了《全国青少年网络文明公约》。公约明确提出了"五要五不"：要善于网上学习，不浏览不良信息；要诚实友好交流，不侮辱欺诈他人；要增强自护意识，不随意约会网友；要维护网络安全，不破坏网络秩序；要有益身心健康，不沉溺虚拟时空。作为新时期的青少年，要自觉遵守"网络文明公约"，不断加强自身素质的培养，形成良好的上网习惯，坚决抵制网络色情的诱惑。

四、家庭要负起监督的责任

一些父母对子女缺乏必要的监督是导致他们子女沉溺在色情网络的一个重要原因。没有出事前对孩子在网络上从事些什么活动一概不知或知之甚少，一旦出事，才发现孩子经常在网上的所作所为。父母一定要对孩子的上网行为进行监督与引导，忙于工作或对网络不了解不能作为缺乏对孩子进行监督的借口。对待孩子的上网行为不能放任自流，适当的监督和了解，谈心，观察，必要的检查应该是家庭、父母的责任。

总之，抵制网络色情，为青少年提供一个良好的、健康的网络环境是一个系统的工程，需要依靠社会各方面共同的努力，仅靠单一的力量是难以取得成效的。

预防青少年网络犯罪

一、从源头上构建健康绿色的互联网

要加强网络管理，制定统一、专门的互联网管理法律制度，切实加强网络信息管理和相关的组织管理。

把握正确的政治方向，开辟和建设青少年网站，可以通过学习、就业、交友、心理咨询、法律援助等青少年感兴趣的、能切实为青少年服务的形式，开辟更多的为青少年所喜闻乐见的网站，服务青少年、凝聚青少年。

通过青少年网站，使学生提高明辨是非的能力，增强他们的政治敏锐性和鉴别力，占领网上思想教育的阵地。切实加强对网吧的管理，加大整治力度。认真落实未成年人不得进入营业性网吧的规定，净化网络空间，为青少年的健康成长营造绿色网络环境。

要对"黑网吧"进行全面整顿，取缔侵害青少年身心健康的非法网吧，设立监督电话，聘请社会监督员，对群众举报问题严重的网吧，严加治理，使网吧业走上更加规范的道路。加大对网吧经营者的培训和宣传力度，通过举办培训班、发放宣传资料等方式，大力宣传相关的法律法规，使经营者在网吧经营中学会知法、守法和用法。

二、加快青少年的社会化进程，提高青少年适应现代社会的能力

针对部分青少年逃避现实的倾向，要教育青少年分清虚拟社会和真实社会的不同，向他们分析社会的复杂性和存在的某些不足，鼓励他们勇敢地直面现实世界中存在的问题，丢掉幻想，积极投入到改造社会的实践中去。

开展各种丰富多彩的活动，加强青少年之间、青少年和社会之间的交往，建立健康的人际关系；有条件的应该建立青少年的心理咨询机构，对有心理障碍和人际交往障碍的青少年进行心理辅导，克服障碍。加强青少年组织建设，消解虚拟组织对现实组织的冲击。网络社会存在大量的虚拟组织，有社交类、消费类、职业类、娱乐类、学术类等等。

网络组织既有健康的、利于青少年发展的类型，也有不健康的、带有反动色彩的不利于青少年成长的类型。它们基本游离于有效管理之外，对现实社会中合法的、健康的组织形成一定程度的冲击。但是，只要我们主动地去了解各类网络组织，与其加强联系，并以有效的方式介入他们的运作、管理，各种虚拟组织可以为我所用，也可以通过网络形成利于青少年成长的健康组织。

三、加强网络道德建设，开展青少年网络道德教育

鉴于网上青少年道德弱化的现象十分突出，必须加强网上的道德建设，这是一个崭新的和极其重要的课题。

首先，网络是个新生事物，网络社会的伦理规则处于建设过程之中。我们应该建议有关部门共同研究和探讨网络伦理规范，明确各种网络主体之间的权利、义务、责任以及网络道德的基本原则，形成网络从业人员的职业道德，构建和规范网络伦理，为网络社会创造一个良好的道德环境。

其次，必须加强对青少年的"网德"教育，要让青少年懂得，

虚拟社会和现实社会一样，需要有一整套道德规范，网络才能够正常运转，不能因为网络的隐蔽性而忘记了起码的行为规则，上网时要文明、自尊自重、严格遵守网络秩序，形成健康、文明、有序的网络环境。要增强他们的道德判断能力，指导他们学会选择和识别，鼓励他们进行网络道德创新，提高个人修养，养成道德自律。

各种网络技术传授部门，各级青少年宫开办的计算机培训班，在进行网络技术训练的同时，也要加强网络道德训练，增强青少年网络道德观念，规范青少年网络道德行为。新闻媒体要做好相关法律法规的宣传，加强对网络道德的宣传，把网络道德纳入到社会道德体系中。

四、加强学校和家庭对青少年的引导作用

学校和家庭应为引导青少年健康文明利用网络的做出努力。应注意引导青少年充分认识网上污浊内容的危害性，注重引导青少年怎样上网。青少年的好奇心强，越是不许他们做的事，他们偏想做。

因此，针对青少年上网浏览不健康内容，结合案例他们谈这个方面的害处；另一方面，对他们多进行理想教育，使其有远大抱负。

在学校，教师应多为学生树立榜样，激发他们不断进取的精神，教给学生必要的上网常识，指导和教育青少年正确上网、安全上网、科学上网、高尚上网。通过疏导，不仅使孩子意识到不健康内容的

危害，更使其借助网上优势，提高学习效率，培养自学能力；在家庭中，父母要引导孩子树立正确的择友观，引导青少年参加社会活动。对于家庭入网者，家长可以在电脑端加过滤软件，提取精华、剔除糟粕，为我所用，对于青少年上网吧者，家长应把握其活动时间，坚决杜绝通宵上网。

另外，家长要重视青少年青春期的科学教育，支持和鼓励青少年读一些有益的书籍或观看一些有关电视电影节目，不仅给他们物质生活保障，而且给予精神生活的健康享受。

五、加大网络立法力度，预防青少年网络犯罪

法律规制，是网络文明的硬性保障。在网络这个虚拟社会中同样离不开法律的外在规制，否则这个"虚拟社会"就可能出现秩序紊乱的现象。

实践证明，网络立法势在必行，健全互联网管理的各种法规，培养青少年的网上法律意识，建立和完善与网络社会相应的法规条文，是构建网络文明工程的现实需要。建立和完善与网络社会相适应的法律法规，一方面规范全体网民的网上行为，另一方面对网上行为立法，借此保护青少年不被有害信息侵害。

通过立法，建立新型的信息自由原则，即个人的信息自由不能建立在妨害公共信息自由和国家信息安全的基础之上，有关部门应该而且必须采取有限度的措施将信息网络置于有效的控制之下。

在遵守国家有关网络信息方面的法令法规的前提下，制定一些有效措施。比如互联网登记制度，通过登记以保证对网络的有效控制；比如电子审查制度，对来往信息尤其是越境数据进行过滤，将不宜出口的保密或宝贵的信息资源截留在国内，将不符合国情的或有害的信息阻挡在网络之外。此外，还应建立并完善联网电脑的管理制度，确保强化联网电脑的安全使用等等。

六、采用打击与防范，教育与引导的综合治理方式，有效减少和控制青少年的涉网犯罪

利用网络的青少年犯罪是一个全社会的问题，立足教育和引导，重在预防，通过综合治理防范是预防网络条件下青少年犯罪的根本途径。青少年涉世不深，可塑性较强。对于受到网络不良文化影响而违法犯罪的青少年应当重在教育与引导，尤其是针对未成年人，更需要注重教育的方法和手段。我国对青少年犯罪的方针是教育帮助为主，司法惩处只是在必要的情况下，有限制地使用。这一原则同样适用于青少年的涉网犯罪行为。

网络社会已经悄然而至，像任何新技术的出现一样，网络时代的来临必然给社会带来一定的冲击。正视网络对青少年产生的影响，限制网络可能产生的负面效应是网络建设和规范发展的当务之急。网络引起的青少年犯罪需要广大青少年工作者及时研究，同时更应引起全社会的普遍关注。在青少年接触、利用网络过程中，家庭、学校应给予正确积极的引导，国家、社会应当创造一个健康、安全的网络环境，共同保护青少年的身心健康发展。

◀ 单元练习 ▶

一、填空题

1. 中小学生沉溺于电子游戏，大脑和中枢神经还处于发育不完善时期，容易（　　）和（　　）。

2. 一次玩游戏的时间不要超过（　　）小时，尤其是患有高血压的家长对子女更应注意。

3. 为了预防"鼠标综合症"，平时应养成（　　），不论工作或休息，都应该注意（　　）。

4. 摄像头不用时最好（　　）与（　　）的连接，计算机关掉后要断掉电源，以防被（　　）或非法安装的（　　）打开。

二、问答题

1. 网络成瘾综合症的形成原因是什么？

2. 网络成瘾综合症的预防应做到哪些？

3. 青少年痴迷网络的原因是什么？

第六单元
电脑网络注意事项

使用电脑要注意

一、键盘是个"垃圾场"

在日常工作过程中，很多人可能没有意识到经常使用的键盘有可能引发疾病。

首先，键盘是个"垃圾场"，里面有灰尘、头发、汗毛、眼睫毛等等。据统计，这类污垢平均以每月 2 克的速度堆积。除此之外，键盘表面上还覆盖着大量细菌，如链球菌、金黄色葡萄球菌、烟曲霉等等。

二、辐射对身体的危害不容忽视

英国一项研究证实，电脑屏幕发出的低频辐射与磁场，会导致 7 ~ 19 种病症，包括眼睛痒、颈背痛、短暂失去记忆、暴躁及抑郁等。有的出现眼睛痒、干燥和酸涩，眼睛只是处于功能性损伤的阶段，但是如果这时还不注意保护眼睛，使眼睛继续长期处于干燥的状态，就会引起角膜上皮细胞的脱落，造成器质性的损伤，使症状进一步恶化，严重影响视力颈部肌肉、软组织长时间紧张或者损伤造成的"颈背综合症"，如果治疗不及时，颈背综合征会发展为颈椎病。

　　长期从事与电脑工作有关的女性比一般非电脑工作从业人员患乳癌的危险性要高出 43%。这是台湾的一项调查研究显示的，台湾省目前约有电脑 300 多万台，且从事电脑工作的大多是女性。如果长期在电脑前工作，会增加乳癌的患病机会；停经前的女性又比停经后的女性患乳癌的几率高。职业女性在生殖健康受到损害后，主要表现为月经紊乱、妊娠高血压综合征、绝经期提前、生育力下降、自然流产、新生儿低体重、先天畸形甚至胎儿死亡。

三、电脑辐射最强的部位

　　电脑辐射最强的是背面，其次为左右两侧，屏幕的正面反而辐射最弱。所以尽量别让屏幕的背面朝着有人的地方，距离以能看清楚字为准，至少也要 50～75 厘米的距离，这样可以减少电磁辐射的伤害。

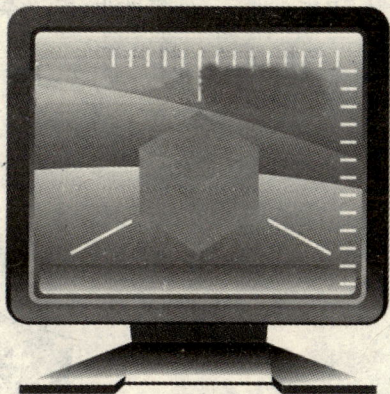

四、如何使辐射的危害降到最低

　　1. 避免长时间连续操作电脑，注意中间休息。要保持一个最适当的姿势，眼睛与屏幕的距离应在 40～50 厘米，使双眼平视或轻度向下注视荧光屏。

　　2. 室内要保持良好的工作环境，如舒适的温度、清洁的空气、合适的阴离子浓度和臭氧浓度等。

　　3. 电脑室内光线要适宜，不可过亮或过暗，避免光线直接照射在荧光屏上而产生干扰光线。工作室要保持通风干爽。

4. 电脑的荧光屏上要使用滤色镜，以减轻视疲劳。最好使用玻璃或高质量的塑料滤光器。

5. 安装防护装置，削弱电磁辐射的强度。

6. 注意保持皮肤清洁。电脑荧光屏表面存在着大量静电，其集聚的灰尘可转射到脸部和手部皮肤裸露处，时间久了，易发生斑疹、色素沉着，严重者甚至会引起皮肤病变等。

7. 注意补充营养。电脑操作者在荧光屏前工作时间过长，视网膜上的视紫红质会被消耗掉，而视紫红质主要由维生素 A 合成。因此，电脑操作者应多吃些胡萝卜、白菜、豆芽、豆腐、红枣、橘子以及牛奶、鸡蛋、动物肝脏、瘦肉等食物，以补充人体内维生素 A 和蛋白质。而多饮些茶，茶叶中的茶多酚等活性物质会有利于吸收与抵抗放射性物质。

网页浏览要注意

　　浏览网页是上网时做得最多的一件事，通过对各个网站的浏览，可以掌握大量的信息，丰富自己的知识、经验，但同时也会遇到一些尴尬的情况。

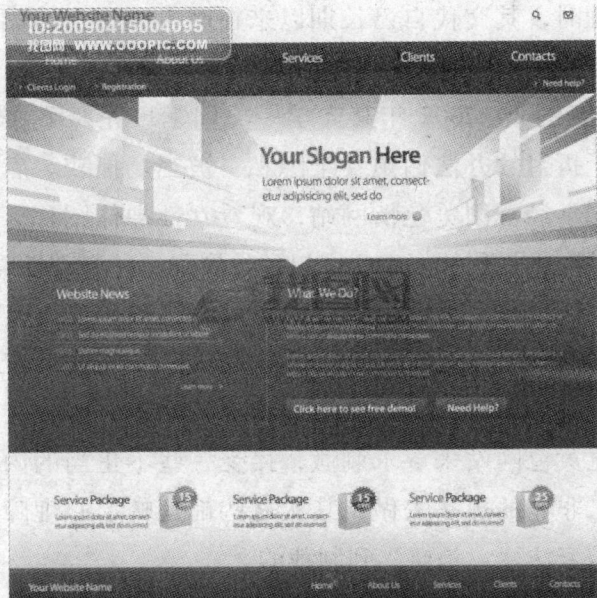

　　1. 在浏览网页时，尽量选择合法网站。互联网上的各种网站数以亿计，网页的内容五花八门，绝大部分内容是健康的，但许多非法网站为达到其自身的目的，不择手段，利用人们好奇、歪曲的心理，放置一些不健康、甚至是反动的内容。合法网站则在内容的安排和设置上大都是健康的、有益的。

　　2. 不要浏览色情网站。大多数的国家都把色情网站列为非法网站，在我国则更是扫黄打非的对象，浏览色情网站，会给自己的身心健康造成伤害，长此以往还会导致走向性犯罪的道路。

　　3. 浏览 BBS 等虚拟社区时，有些人喜欢在网上发表言论，有的人喜欢发表一些带有攻击性的言论，或者反动、迷信的内容。有的人是好奇，有的人是在网上打抱不平，这些容易造成自己 IP 地址泄露，受到他人的攻击，更主要的是稍不注意会触犯法律。

　　[典型案例1] 2001 年 6 月，某大学一男同学王某，跟随一女同学进入卫生间，偷窥女生的隐私，被当场抓获。后经该学校保卫部门处理时，其交代自己长期以来在网上浏览色情图片，产生强烈的好奇心，一时冲动就做出了这种事情。

　　[典型案例2] 2002 年某大学一男同学事先躲藏在女卫生间里，用镜子折射的办法偷窥女生隐私，被当场抓获。后经讯问得知，该男同学经常浏览色情网站，观看女性裸体图片等内容，对女性的隐私产生强烈的好奇心，以致发展到一种心理性障碍。

　　以上案例反映了大学生青春期心理健康与自我调整和在上网时注意浏览网页内容的问题。青春期的男女都想更多地了解异性，这本身通过青春期教育可以获得此方面的知识，但一些大学生却热衷于浏览黄色网站来寻求刺激，接受一些不正当的内容，再按照自己想入非非的想法去做，其实这些都是畸形心理障碍，严重的会触犯国家法律，是要受到制裁的。

　　色情网站对处于青春期的大学生有较强的吸引力，同时也具有很强的腐蚀作用。其本身就是国家限制打击的对象，浏览色情网站会给自己的身心健康造成伤害，甚至会使一些人走向性犯罪的道路。

系统保护要注意

1. 尽量不要下载个人站点的程序，防止该程序感染病毒或者带有可能篡改个人电脑程序的后门。

2. 不要运行不熟悉的可执行文件，尤其是一些看似有趣的小游戏。

3. 不要随便将陌生人加入 QQ 或者 MSN 等的好友列表，不要随便接受他们的聊天请求，避免遭受端口攻击。

4. 不要随便打开陌生人发来的邮件附件，防止该邮件是一段恶意代码。

5. 不要浏览一些可疑文件或者另类的站点，防止浏览器的许多漏洞使恶意的网页编辑者读出使用者机器上的敏感文件。

电脑程序要注意

安装电脑系统程序的需要注意以下几点：

1. 显卡驱动：安装好显卡驱动后没调整显示器的刷新率，使得显示器工作在默认刷新率 60Hz。长时间使用会使人头晕，眼睛酸胀，视力下降等所以，请在安装好显卡驱动后别忘记调整一下显示器的刷新率，一般 15 寸 CRT 调整为 800X60075～85Hz，17 寸 CRT 为 1024X76875～85Hz，当显示器调整到 75Hz 以上时，眼睛几乎察觉不到显示器在闪烁。

不过请不要随意把显示器的刷新率调整到 85Hz 以上，如果你的显示器性能一般的话，很容易烧毁显像管。所以，在最好再安装一下显示器驱动。如果是 LCD 显示器，则不要超过 75Hz，因为 LCD 和 CRT 的呈像方式不同，CRT 是不断刷新画面来使得显示器成像的，而 LCD 只要改变发光颗粒就能使显示器中的画面动起来，所以刷新率的高低对 LCD 显示器无任何影响，也不会让人产生疲劳。

2. 声卡驱动：现在很多电脑都使用 AC97 规范的集成声卡。但有些主板的驱动做得不够到位，需要用户自己手动安装声卡驱动。很多朋友在光盘中分不清楚自己该安装哪个，可以右击我的电脑—属性—硬件—设备管理器—声音，视频和游戏设备，选择更新驱动—从列表或指定范围，选择的范围是光驱：再指定光盘中的 diver-sound 文件夹就可以了，这样比自动搜索驱动安装的成功率和正确性要高。

3. 检查电脑的硬件驱动是否全部安装，或是否正确安装，可以右击我的电脑—属性—硬件—设备管理器，看一下电脑的各项硬件是否全部安装到位，如果设备有问题的话，那该设备前会有一个黄色的问号或惊叹号。

4. 操作系统和硬件驱动安装后请不要立即让电脑连接到网络，FTTB用户在重新安装系统时最好能拔掉FTTB线！因为FTTB不需要用拨号软件就能让电脑自动连接到网络中，这样会使得刚新装好的系统再次感染到病毒！这样重装好的系统就前功尽弃了！所以，在重新安装操作系统后请先安装防火墙及杀毒软件，再让电脑连接到网络中，一旦电脑连接到了网络，就立刻让防火墙及杀毒软件升级，下载最新的病毒库文件，使得你新安装的操作系统能受到保护。

而XP，2000用户请在杀毒软件没升级时，不要打开IE浏览器，这样会感染冲击波和震荡波这两种病毒，您当然不想电脑刚装好系统就出现那个令人生厌的系统自动关闭倒记.

5. 如果系统感染病毒，最好不要只格式化C盘，因为病毒也可能存在于硬盘的其他分区中，如果是这样，你只格式化C盘，安装操作系统，那C盘中新的系统很可能再次被硬盘其他分区中的病毒所感染，导致系统再次崩溃

单元练习

一、填空题

1. 使用电脑的四项注意: (　　　), (　　　), (　　　), (　　　)。

2. 电脑操作者在荧光屏前工作时间过长, 应多吃些胡萝卜、白菜、豆腐、橘子以及牛奶、鸡蛋、动物肝脏、瘦肉等食物, 以补充人体内 (　　) 和 (　　)。

3. 避免长时间连续操作电脑, 要保持一个最适当的姿势, 眼睛与屏幕的距离应在 (　　) 厘米, 使双眼 (　　) 或轻度 (　　) 注视荧光屏。

一、填空题

1. 网页浏览的注意事项?

2. 系统保护应该注意哪些问题?

第七单元
安全上网主题活动

活动对象

活动主要对象为中小学生和大学生。

学校要引导青少年健康文明利用网络，应注意引导青少年充分认识网上污浊内容的危害性，注重引导青少年怎样上网。

青少年具有好奇心强，越是不许他们做的事，他们偏想做。因此，针对青少年上网浏览不健康内容，结合活动跟他们谈各方面的害处；另一方面，对他们多进行理想教育，使其有远大抱负。

教师应多为学生树立榜样，激发他们不断进取的精神，教给他们必要的上网常识，指导和教育青少年正确上网，安全上网，科学上网，高尚上网。通过疏导，不仅使青少年意识到不健康内容的危害，更使其借助网上优势，提高学习效率，培养自学能力。

活动背景

随着电脑和现代信息网络技术，特别是 Internet 的高速发展和日益普及，现代社会进入"网络"时代。它已成为广大青少年学生学习知识、获取信息、交流思想、休闲娱乐的平台。电脑网络的空间到处都是新鲜事物，而且还在不断地增加，对于易接受新鲜事物的学生有着无限的吸引力。

所有这些都激发了学生的好奇心和探索欲，吸引着学生加入"网迷""网虫"的行列。

根据对互联网络信息中心 2003 年 1 月最新公布的《第 11 次中国互联网络发展状况统计报告》的数据显示，全国共 5910 万网络用户，而大、中、小学生就占了 54.9%，且呈逐年上升的趋势。

对于这些青少年学生来说，网络带给他们的好处不言而喻。首先，网络上有着海量的信息，而且信息的更新速度、共享程度为其他媒体所不及的。其次，网络上的信息是以网状形式出现的，即信息的呈现方式是超文本的、非线性的、跳跃的，这改变了青少年学生固有的传统的线性思维模式，有利于培养青少年学生的创造性思维，培养他们利用先进的信息技术工具分析、解决问题的能力，这正是 21 世纪所需要的。

此外，网络高效、快速、方便的信息传播方式满足了青少年学生沟通和理解的需求，使青少年学生在学习之余获得了更广泛的空间，仿佛进入了一个多彩的梦幻世界。

但是，由于青少年学生的心智尚未健全，对外界新鲜事物缺乏全面的认识能力，对自己的言行缺乏理性的思考和自控能力，网络给学生的生活带来了诸多负面影响：

1. 部分学生超时、无节制沉溺网络，耽误了正常学习生活，影响学生的身心健康。

2. 网络中的"花花世界"使一些缺少自控力的学生玩物丧志。

荒废学业，甚至不自觉地迷失于虚幻的世界而难于自拔。据了解，热衷 QQ 聊天的学生占 70％，选择玩游戏的占 55％，只有不到 20％ 的学生上网是查找信息资料。

3. 互联网上品位低下、胡编乱造的网络语言、邪教色情、暴力等垃圾信息，污染着学生的精神世界，引诱一些学生走上违法犯罪道路。

科学是一把双刃剑，具体到网络来说，当我们大谈网络经济时，有关学生受害事件。网络犯罪问题又成为人们议论的焦点。

学生上网本是件好事，但就目前而言，学生上网已带来了极大的危害。因为在毫无引导的情况下，放任学生在网上遨游，加上一些以赚钱为唯一目的的网站，无疑加速了青少年学生的堕落。

作为教育者，学校、教师在帮助青少年学生树立正确的网络观念，安全、无害地上网方面担负着极大的责任，应该在学校广泛开展网络健康教育。

活动目的

1. 引导学生树立正确的网络观念，教育学生健康上网、上健康网。

2. 培养学生明辨是非，正确区分网络信息的正误，学会辨别、筛选网络信息。

3. 引导学生利用网络迅速、快捷的特点，查找相关资料。

4. 帮助学生正确认识网络，做网络的主人。

5. 针对部分青少年逃避现实的倾向，教育青少年分清虚拟社会和现实社会的不同，向他们分析社会的复杂性和存在的某些不足，鼓励他们勇敢地直面现实世界中存在的问题，积极投入到改造社会的实践中去。

6. 开展各种丰富多彩的活动，加强青少年之间、青少年和社会之间的交往，建立健康的人际关系。建立青少年的心理咨询机构，对有心理障碍和人际交往障碍的青少年进行心理辅导，克服障碍。

7. 加强青少年组织建设，消解虚拟组织对现实组织的冲击。网络组织基本游离于有效管理之外，网络组织既有健康的、利于青少年发展的，也有不健康的、带有反动色彩的不利于青少年成长的。我们要主动地去了解各类网络组织，与其加强联系，并以有效的方式介入他们的运作、管理，各种虚拟组织可以为我所用，也可以通过网络形成利于青少年成长的健康组织。

活动准备

一、教师准备

上网查找《全国青少年网络文明公约》《遵守公约，文明上网，营造健康的网络道德环境》倡议书及有关文明上网的法规、公约，便于学生上课学习。编写一套小型的计算机、网络知识竞赛题目，供课堂竞赛之用。

二、学生准备

了解互联网的发展网，增加对互联网的感性认识，制作网络作品，准备参加班级的评比活动。

三、家长准备

父母要引导孩子树立正确的择友观，引导青少年参加社会活动。对于家庭入网者，家长可以在电脑端加过滤软件，提取精华、剔除糟粕，为我所用，对于青少年上网吧者，家长应把握其活动时间，坚决杜绝其通宵上网。

活动过程

一、班主任发言，导入

自从网络被发明以来，它已经在人们的生活中发挥了重要的作用，请大家说一说，在日常生活中，我们有什么地方用到网络？

（学生回答：查找资料、浏览新闻、聊天、电脑游戏、看电影……）

正如同学们所言，网络在我们的生活中无处不在，现代人脱离了网络真不知该如何生存。凡事必有利弊，网络在带给我们极大便利的同时，也有一些负面影响频频出现，大家知道有哪些例子呢？

（学生回答：千年虫事件、黄色信息泛滥、犯罪现象充斥……）这些不良内容的出现对我们学生的影响尤其巨大，因此，作为新世纪的主人，我们必须正确使用网络，真正做网络的主人。作为学校中的学生，加强网络健康教育就显得尤为重要。

二、学习《全国青少年网络文明公约》

2001 年 12 月，共青团中央、教育部、文化部等部门正式发布了《全国青少年网络文明公约》，以规范青少年的网络行为。今天，我们就先来学习这份文件。

《全国青少年网络文明公约》内容包括：要善于网上学习，不浏览不良信息；要诚实友好交流，不侮辱欺诈他人；要增强自护意识，不随意约会网友；要维护网络安全，不破坏网络秩序；要有益身心健康，不沉溺虚拟时空。

三、发起《健康文明上网倡议》

根据《全国青少年网络文明公约》的内容，我们同学要严格

做到"五要五不"，为了更好地践行《公约》，我们先学习少先队大队部发出的倡议，再来根据自身情况，建立一份适合于我们班级、学校的《健康文明上网倡议》，先六人一小组讨论，拟定倡议条文，后全班同学共同商讨，建立适合班情的《倡议》。

附：《遵守公约，文明上网，营造健康的网络道德环境》倡议书：

计算机互联网作为开放式信息传播和交流工具，已经走进了我们的生活。当它刚刚兴起时，我们曾站在潮头，以十分激动的心情迎接它的到来，以如饥似渴的态度学习它的知识，以求真务实的精神推动它的应用，以只争朝夕的作为促进它的发展；当它迅猛发展的时候，我们脚踏实地，以清醒的头脑关注它的走向，以满腔的热诚呼唤它的文明。由共青团中央、教育部、文化部、国务院新闻办。全国青联，全国学联、全国少工委、中国青少年网络协会等单位共同发布的《全国青少年网络文明公约》表达了我们的心声。在此，我们少先队大队部向少年朋友发出如下倡议：

遵守公约，争做网络道德的规范。我们要学习网络道德规范，懂得基本的对与错、是与非，增强网络道德意识，分清网上善恶奖五的界限，激发对美好的网络生活的向往和追求，形成良好的网络道德行为规范。

遵守公约，争做网络文明的使者。我们要认识网络文明的内涵，懂得崇尚科学、追求真知的道理，增强网络文明意识，使用网络文明的语言，在无限宽广的网络天地里倡导文明新风，营造健康的网络道德环境。

遵守公约，争做网络安全的卫士。我们要了解网络安全的重要性，合法、合理地使用网络的资源，增强网络安全意识，监督和防范不安全的隐患，维护正常的网络运行秩序，促进网络的健康发展。

网络在我们面前展示了一幅全新的生活画面，同时，美好的网络生活也需要我们用自己的美德和文明共同创造。让我们认真贯彻《公民道德建设实施纲要》的要求，响应全国青少年网络文明公约的号召，从我做起，从现在做起，自尊、自律，上文明网，文明上网。

四、开展计算机、网络知识小型竞赛

我们学校将于下个月开展计算机、网络知识竞赛，为了选拔最优秀的同学代表班级参加学校的这次竞赛，现在我们进行一次小型的知识竞赛。现在全班同学四人为一组（可自由组合）参加竞赛，竞赛分必答题和抢答题两种，请各组做好准备，下面开始竞赛。

必答题

①操作系统是一类重要的系统软件，下面几个软件中，不属于操作系统的是（　　）

A. MS—DOS　　B. UCDOS　　　C. PASCAL　　　D. WINDOWS95

②操作键盘的过程中，按正确指法击键，左手中指应击的字母键为（　　）

A. R，D，X　　B. E，D，C　　C. U，J，M　　D. O，K，M

③CPU 包括的两部分是（　　）

A. 输入输出设备　　　　　　　B. 存储器与运算器

C. 运算器与控制器　　　　　　D. 存储器与控制器

④MS－DOS 系统对磁盘信息进行管理和使用是以（　　）为单位的。

A. 文件　　　　B. 盘片　　　　C. 字节　　　　D. 命令

⑤在 DOS OS 状态下，键入命令 BB 后回车，此时计算机可执行相应的文件功能，该文件的全名除了 BB. COM 或 BB. EXE 外，还可能是（　　）

A. BB. PRG　　B. BB. WPS　　C. BB. BAS　　D. BB. BAT

⑥在计算机内部，用来传送、存储、加工处理的数据或指令（命令）都是以（　　）形式进行的。

A. 十进制码　　　　　　　　B. 智能拼音码

C. 二进制码　　　　　　　　D. 五笔字型码

⑦下面有关计算机的特点叙述，不正确的是（　　）

A. 运算速度快

B. 有记忆和逻辑判断能力

C. 具有自动执行程序的能力

D. 至今没有任何人能给出如何求解方法的难题，计算机也都能求出解来。

⑧自 1946 年世界上第一台计算机 ENIAC 诞生至今，计算机性能和硬件技术获得了突飞猛进的发展，50 余年来大致可分为四代，现在应该是（　　）时代。

A. 电子管计算机

B. 大规模、超大规模集成电路计算机

C. 晶体管计算机

D. 中小规模集成电路计算机

⑨将二进制数 11011 化为十进制数为（　　）

A. 33　　　　B. 63　　　　C. 27　　　　D. 19

⑩将 A 盘上当前目录下以 W 开头的所有文件复制到 B 盘的当前目录下（只复制文件），应使用的命令是（　　）

A. COPY W. ＊ B：   B. COPY W？. ＊ B：

C. COPY W＊. ＊ B：   D. DISKCOPY A：B：

抢答题（判断）

（1）IP 电话是通过 web 网来传送语音的一种新兴的通信方式。

（2）计算机病毒是一种能传染给计算机并具有破坏性的生物。

（3）计算机病毒不可能通过互联网线路传播。

（4）防火墙就是在可信网络和非可信网络之间建立和实施特定的访问控制策略。

（5）软件是计算机的灵魂，它赋予计算机以生命。

五、学习网络法规专题。

为了规范网民的上网行为，国家出台了一系列的网络法规，今天我们就来学习一些相关法规。

文明上网自律公约

自觉遵纪守法，倡导社会公德，促进绿色网络建设；

提倡先进文化，摒弃消极颓废，促进网络文明健康；

提倡自主创新，摒弃盗版剽窃，促进网络应用繁荣；

提倡互相尊重，摒弃造谣诽谤，促进网络和谐共处；

提倡诚实守信，摒弃弄虚作假，促进网络安全可信；

提倡社会关爱，摒弃低俗沉迷，促进少年健康成长；

提倡公平竞争，摒弃尔虞我诈，促进网络百花齐放；

提倡人人受益，消除数字鸿沟，促进信息资源共享。

中国互联网协会

2006.04.19

互联网文明上网公约

2006.4.12

一、在互联网工作者中大力宣传、贯彻、落实胡锦涛总书记提出的以"八荣八耻"为主要内容的社会主义荣辱观，以传播弘扬热爱祖国、服务人民、崇尚科学、辛勤劳动、团结互助、诚实守信、遵纪守法、艰苦奋斗的内容为荣，坚持文明办网，把互联网办成宣传科学理论、传播先进文化、塑造美好心灵、弘扬社会正气的阵地。我们要坚持唱响"主旋律"，坚持传播有益于提高民族素质、推动经济社会发展的信息，努力营造积极向上和谐文明的网上舆论氛围。

二、坚决抵制与社会公德和中华民族优秀传统美德相背离的不良信息，自觉抵制网络低俗之风，净化网络环境。不刊载不健康文字和图片，不链接不健康网站，不提供不健康内容搜索，不发送不健康短（彩）信，不开设不健康声讯服务，不运行带有凶杀、色情内容的游戏，不登载不健康广告；不在网站社区、论坛、新闻跟帖。

聊天空、博客等中发表、转载违法、庸俗、格调低下的言论、图片。音视频信息，积极营造网络文明新风。

三、坚持自我约束，实施行业自律。建立、健全网站内部管理制度，规范信息制作、发布流程，强化监管、惩处机制；加强对网站从业人员的职业道德、网上公德教育，增强社会责任感，推动互联网行业健康发展。

四、自觉接受管理，欢迎社会监督，开设举报电话、举报邮箱，建立全天候举报制度，对网民反映的问题认真整改，不断提高网络媒体的社会公信力，让社会信任，让家长放心，让广大网

民文明上网。

五、开展网络作品征集评比活动

网络是先进科技的象征，同学们在日常的生活中很大一部分时间都在使用电脑，那么，你一定在使用网络的过程中自己制作了许多东西，就请来参加我们的网络作品征集活动吧！幻灯片、FLASH 短片、DV 短片、网页等，只要是自己制作的，有愿意参加此项活动的同学请快动手，所有作品的征集截止到下周五放学之前。请大家踊跃参与。

六、班主任总结，结束本次班会

现代网络在我们面前展示了一幅全新的生活画面，同时，美好的网络生活也需要我们用自己的美德和文明共同创造。我们只有文明上网，自觉抵制各种不良思想的侵蚀，才能真正利用好网络，发挥网络在我们生活中的积极作用。让我们大家一起来践行《全国青少年网络文明公约》，做网络真正的主人。

活动反思

如何利用科学的教育方式和学生易于接受的教育内容，引导学生上网，培养学生健康的网络道德素质，自觉地抵御网络"垃圾"和电子"海洛因"对教育者而言是很大的考验，教师可以采用多种不同的形式，形象、具体地教育学生正确、健康上网。

比如召开主题班会，针对"如何控制上网交流时间？如何选择真诚而有益于自己成长的网友？如何遵守'网德'，以尊重他人？如何警惕网络'馅饼'，拒绝'电子海洛因'？如何反对'黑客'，做一个合格的网民？"等。

还可以举办网络法规专题讲座和宣传展览，引导学生懂得网上所有言行必须遵循符合现实社会的法律法规，每一个人都要有网络道德素质、网络法制的意识。

同时，针对青少年学生的心理年龄特点，制定校网络文明公约，鼓励学生争当"网络文明先锋"。

综合练习

一、填空题

1. 网络的（　　）特征催生中小学生的现代观念的更新，如（　　）、（　　）、（　　）等。

2. 世界是丰富多彩的，人的发展也应该是丰富多彩的，（　　）就提供了这个无限多样的发展机会的环境。

3. 中小学生网络（　　）和（　　）不强，对网上鱼目混珠复杂状况及危险性认识不足，容易上当受骗。

4. 由于网络本身所具有的（　　）、（　　）、（　　）、（　　）等特点，对网络社会问题还没有有效的手段加以控制。

5. （　　）是处在信息时代的青少年应当具备的基本素质。

6. 目前，形形色色的网络很多，但（　　），具有（　　）的网络点击率却很少。

7. 营造（　　）的网络文化环境，清除（　　）成为社会的共同呼唤、家长的强烈要求保障未成年人健康成长的迫切需要。

二、问答题

1. 加强对青少年信息素养的培育，应注意培养哪五种能力？

2. 如何正确引导中小学生使用互联网？

3. 全国中小学生网络文明公约口诀是什么？

4. 如何避免网络购物诈骗？

5. 如何消除和掏网络"毒品"？